计算机技术
开发与应用丛书

C++元编程与通用设计

模 式 实 现

宋 炜 ◎ 编著

清华大学出版社

北京

内 容 简 介

本书以实战开发为主线,引导读者快速地从C++11基础理论上升到通用模块的设计和开发,进一步过渡到实际的业务开发过程中。

本书共8章,第1~4章讲述C++的快速浏览设计模式、C++98和C++11的基础知识,特别是元编程部分的相关知识。第5~7章讲述各种设计模式的通用模块的实现原理,并进一步地讲解了实际实现的设计模式的通用模块代码。第8章给出了这些框架的实际示例,方便引导读者自己设计或者直接在自己的工程中使用相关代码。本书示例代码丰富,实用性和系统性较强,并配有视频讲解,助力读者透彻理解书中的重点、难点。

阅读本书需要读者具有基本的C++知识、数据结构知识及设计模式知识。书中的所有代码都经过实际验证和测试,适合具有实际工程经验的工程师、工程管理人员、高校教师及培训机构教师学习和参考。

图书在版编目(CIP)数据

C++元编程与通用设计模式实现/宋炜编著. -- 北京:清华大学出版社,2025.1.
(计算机技术开发与应用丛书). -- ISBN 978-7-302-67909-7

Ⅰ. TP312.8

中国国家版本馆 CIP 数据核字第 20250TK400 号

责任编辑:赵佳霓
封面设计:吴　刚
责任校对:郝美丽
责任印制:丛怀宇

出版发行:清华大学出版社
　　　　　　网　　　址:https://www.tup.com.cn,https://www.wqxuetang.com
　　　　　　地　　　址:北京清华大学学研大厦 A 座　　　　**邮　　编:**100084
　　　　　　社 总 机:010-83470000　　　　　　　　　　　　**邮　　购:**010-62786544
　　　　　　投稿与读者服务:010-62776969, c-service@tup.tsinghua.edu.cn
　　　　　　质量反馈:010-62772015, zhiliang@tup.tsinghua.edu.cn
　　　　　　课件下载:https://www.tup.com.cn,010-83470236
印 装 者:北京鑫海金澳胶印有限公司
经　　销:全国新华书店
开　　本:186mm×240mm　　　　**印　　张:**17.5　　　　**字　　数:**396 千字
版　　次:2025 年 3 月第 1 版　　　　　　　　　　　　**印　　次:**2025 年 3 月第 1 次印刷
印　　数:1~1500
定　　价:79.00 元

产品编号:103755-01

前 言
PREFACE

C++11标准(ISO/IEC 14882:2011 - Information Technology -- Programming Languages，此后简称C++11)是继 C++98 之后的一次重大改进，从C++11之后才可称为现代 C++ 开发。自 2011 年C++11发布到现在已经有 13 年的时间了，在这段时间内多数系统和开发环境已经逐步采用并完善了对编译器的C++11标准的支持，至今绝大多数开发环境能够很好地支持采用C++11标准进行开发工作。

C++11版本在语言特性上做了一些重要的改进，在没有牺牲 C++ 原有的强大功能和性能的基础上，更好地支持了现代编程范式，提高了代码的可读性和可维护性。

C++11引入了一些新的关键字，如 auto、nullptr、decltype 等；引入了智能指针，如 std::unique_ptr 和 std::shared_ptr，以更好地管理动态分配的内存，避免内存泄漏；增加了线程支持，包括新的线程库和原子操作；引入了基于范围的 for 循环；引入了 auto 关键字，使类型推导变得更简单；支持了变长模板，使其可以创建接受任意数量参数的函数或类；引入了右值引用和移动语义，以优化对资源密集型对象的处理，提高性能。

在软件开发中，设计模式是一套为解决特定问题的解决方案，这些方案描述了对象和类之间的相互作用。设计模式在软件开发中被广泛使用，以提高代码的可重用性、可维护性和可扩展性。设计模式通常分为 3 种类型，即创建型模式、结构型模式和行为型模式。创建型模式主要用于创建对象；结构型模式主要用于处理类或对象的组合和关联关系；行为型模式主要关注对象之间的通信和职责分配。

虽然C++11和 STL 没有直接提供设计模式的实现，但它们的灵活性和可扩展性使其可以利用这些工具和特性去实现一套能够通用地满足大多数开发场景的设计模式模块。

本书的目标正是如此。不仅介绍各种设计模式的概念和原理，更深入实践层面，通过利用C++11的元编程技术，设计和实现一套通用且灵活的设计模式模板库。开发者可以根据自己的需求，直接利用这些模板库构建自己的应用程序，而无须从头开始实现各种设计模式。

通过这种方式，本书不仅填补了C++11和 STL 在设计模式方面的不足，更提供了一种全新的基于元编程的设计模式的实现方法。这对于那些希望深入了解C++11新特性，以及希望在实践中应用设计模式的开发者来讲，无疑是一本极具价值的参考书。扫描封底的文泉云盘防盗码,再扫描目录上方的二维码可下载本书源码。

　　由于笔者能力和经验有限,试以萤火之光添皓月之晖,以鄙室之砾引昆岗之玉,恳切希望读者热心指正疏漏错误,感激不尽。

宋　炜

2024 年 10 月

于西安

目 录
CONTENTS

本书源码

第 1 章

设计模式简介

设计模式的发展历史可以追溯到 20 世纪 80 年代末和 90 年代初,由 4 位美国杰出的工程师(Erich Gamma、Richard Helm、Ralph Johnson 和 John Vlissides)共同提出并记录在《设计模式:可复用面向对象软件的基础》一书中。

这本书首次系统地介绍了 19 种常见的设计模式,这些模式基于面向对象编程的原则和经验,旨在解决软件开发中的常见问题,拓展和规范软件的设计思路,使开发人员能够更高效地构建可维护和可扩展的软件系统。同时帮助开发人员遵循最佳实践,减少重复劳动,并提高代码的可读性和可维护性,提高开发者之间的沟通效率。

经过数十年的发展和实践,设计模式已经在软件工程领域得到了广泛应用和认可。许多编程语言和开发框架提供了对设计模式的支持和实现,然而在 C++ 领域,目前仍然罕见具有高质量且封装好的通用设计模式类库,以便可以像 STL 那样使用,本书中重点来设计和实现一个通用的设计模式类库。

1.1 设计模式和设计模式的分类

设计模式通常分为 3 个主要类别,分别是创建型模式、结构型模式和行为型模式。每种设计模式都有其特定的用途和适用场景,开发人员需要根据具体需求选择合适的设计模式来解决问题。使用设计模式可以提高代码的可读性、可维护性和可重用性,方便开发者之间高效地进行沟通。

设计模式是基于一组指导性原则的实践方案,也可以称为设计模式的哲学原理,用于指导开发人员在设计和实现软件系统时遵循最佳实践。基于这一组原则进行设计开发主要有3 个好处,一是从设计角度降低各个模块之间的耦合度;二是从管理角度提高了设计人员和开发工程师之间的沟通效率;最后是提高了开发的效率和代码的可复用性。这一组原则分别是:

(1) 单一职责原则(Single Responsibility Principle,SRP),即一个类应该只有一个引起它变化的原因。这意味着每个类应该只负责一项职责,这样可以提高类的内聚性,降低类之间的耦合度。

（2）开放封闭原则（Open-Closed Principle，OCP），软件实体（类、模块、函数等）应该对扩展开放，对修改关闭。这意味着在添加新功能时，应该通过扩展现有实体实现，而不是修改已有的代码。

（3）里氏替换原则（Liskov Substitution Principle，LSP）要求子类应该能够替换其父类并且不会影响程序的正确性。这意味着子类应该遵循父类的行为约定，保持一致的接口和预期行为。

（4）依赖倒置原则（Dependency Inversion Principle，DIP）要求高层模块不应该依赖于低层模块，二者都应该依赖于抽象。这意味着应该依赖于接口或抽象类，而不是具体的实现类。

（5）接口隔离原则（Interface Segregation Principle，ISP）要求客户端不应该依赖于它不需要的接口。这意味着应该将大型接口拆分为更小、更具体的接口，以便客户端只需依赖于它们需要的接口。

（6）迪米特法则（Law of Demeter，LoD）指的是一个对象应该尽可能少地关联或者依赖其他对象的内部结构。这意味着应该通过最少的接口与其他对象进行通信，以减少对象之间的耦合度。

基于这一组设计原则开发人员能够更加清晰方便地设计出更加灵活、可扩展和可维护的软件系统，进一步提高代码质量，减少代码的复杂性，并降低后续修改和维护的成本。

19种设计模式中的每种都满足以上原则中的一种或者多种，读者也可以依据上面的原则进行抽象处理，以便形成自己新的设计模式。

1.2 各种设计模式的特点和适用场景

3种不同类型的设计模式各自具有自己的特点和使用场景，读者需要根据自己的实际情况进行斟酌，以此来选择其中的一种或者多种进行配合，从而解决自己的实际问题。下面简单展开讲述各种设计模式的特点和适用场景。

1.2.1 创建型设计模式

创建型设计模式是用于处理对象的创建机制，以求在提供灵活的方式来创建对象的同时隐藏对象的创建细节。常见的创建型设计模式包括工厂模式、抽象工厂模式和单例模式等。

（1）工厂模式①（Factory Pattern）通过一个工厂类或者工厂方法来封装对象的创建过程。它将对象的创建与使用代码解耦，提供了一种灵活的方式来创建对象。工厂模式可以根据不同的条件返回不同的具体对象，实现对象的创建和选择的分离，主要用于需要根据不同的条件创建不同的对象的情况下。例如，根据不同的数据库类型创建不同的数据库连接

---

① 在STL库中存在一个类似的设计，读者可以自行查阅 std::make_shared<T>()方法的详细说明。

对象,或者根据不同的操作系统类型创建不同的文件操作对象。

(2) 抽象工厂模式(Abstract Factory Pattern)提供了一种创建一族相关对象的方式,主要通过定义一个接口或抽象类作为工厂,具体的工厂类负责创建一族相关的对象。通过抽象工厂模式隐藏对象的创建细节,使客户端代码与具体的产品类解耦,主要用于需要创建一系列相关的对象的情况。例如,创建不同操作系统下的图形界面组件,可以有一个抽象工厂接口,具体的工厂类分别实现该接口,以此来创建对应操作系统下的图形界面组件。

(3) 单例模式(Singleton Pattern)用来确保一个类只有一个实例,并提供全局访问点。一般情况下通过私有化构造函数和静态方法来控制对象的创建和访问。单例模式可以保证在整个应用程序中只有一个实例被创建和使用,主要用于当需要确保一个类只有一个实例的情况。例如,全局配置类、日志记录器等。也可以与结构型的享元模式进行配合使用。

(4) 建造者模式(Builder Pattern)将一个复杂对象的构建过程与其表示分离。它通过一个指导者类来控制构建过程,具体的构建过程由多个建造者类实现。建造者模式可以灵活地构建不同的复杂对象,而不需要暴露其内部细节,主要用于需要构建一个复杂对象,并且需要控制构建过程的情况。例如,构建一个包含多个组件的计算机对象,可以由不同的建造者类来构建不同配置的计算机。

(5) 原型模式(Prototype Pattern)通过克隆已有的对象来创建新的对象,通过复制现有对象的属性和方法来创建新对象,避免了对象的创建过程。原型模式可以提高对象的创建效率,并且可以在运行时动态地添加和删除对象,主要用于需要创建大量相似对象,并且对象的创建过程比较耗时。例如,创建一个电子商务网站的用户对象,可以通过复制已有的用户对象来创建新的用户对象。原型模式需要考虑深浅复制的情况,在深复制的情况下需要处理好数据同步问题。在浅复制的情况下需要处理好应用计数和数据竞争等问题。

1.2.2 结构型设计模式

结构型设计模式用于处理类和对象之间的关系,它提供了一种灵活的方式来组合类和对象以形成更大的结构。常见的结构型设计模式包括适配器模式、装饰器模式和代理模式等。

(1) 适配器模式(Adapter Pattern) 通过将接口转换成客户端所期望的接口,使原本不兼容的类可以一起工作。实现方式主要通过一个适配器类实现接口的转换,并将客户端的请求传递给被适配的对象,主要用于需要使用一个已有的类,但其接口与现有代码不兼容的情况。例如,使用第三方库中的类,但其接口与项目的代码不匹配,此时可以通过适配器模式进行适配。

(2) 装饰器模式(Decorator Pattern)可以动态地给一个对象添加额外的功能,而不改变其原始对象的结构。实现方式主要通过创建一个装饰器类,该类包含一个原始对象的引用,并在不改变原始对象的前提下,增加新的行为或属性,主要用于需要在保持现有对象结构的情况下,又能够动态地添加功能的情况。例如,给文本编辑器添加字体、颜色、边框等装饰功能,而不需要修改原始的文本编辑器类。

（3）代理模式（Proxy Pattern）为其他对象提供一种代理以控制对这个对象的访问，主要通过创建一个代理类，该类包含一个真实对象的引用，并在访问真实对象前后进行一些额外的操作，主要用于需要控制对一个对象的访问或者调整访问方式的情况下。例如，限制对某个敏感对象的访问权限，或者在访问一个远程对象时，通过代理类进行网络通信等。

（4）外观模式（Facade Pattern）提供了一个简化的接口，隐藏了一组复杂的子系统的复杂性，主要通过创建一个外观类，该类包含了对子系统的调用，使客户端只需与外观类交互，而不需要直接与子系统交互，主要用于需要简化一组复杂子系统的接口，并提供一个统一的接口给客户端。例如，封装一组复杂的数据库操作接口，提供一个简单的接口给客户端进行数据库操作。

（5）桥接模式（Bridge Pattern）将抽象和实现解耦，使两者可以独立地进行变化。实现方式主要通过创建一个桥接类，该类包含一个抽象类和一个实现类的引用将抽象和实现分离，使它们可以独立地进行扩展，主要用于需要将抽象和实现分离，并使它们可以独立地进行变化的情况。例如，设计一个跨平台的图形绘制工具，将图形的形状和不同的平台进行分离。

（6）组合模式（Composite Pattern）将对象以树状结构进行组织，以表示“部分-整体”的层次结构。组合模式通过相同的接口来处理单个对象和组合对象，使客户端可以一致地处理它们。组合模式定义了一个统一的操作接口，使客户端可以透明地操作单个对象和组合对象，无须关心具体的对象类型。组合模式通过递归地将对象组合成树状结构，使整个结构具有层次性，可以方便地对整体和部分进行操作。组合模式允许在已有的结构上灵活地添加新的对象或组合对象，同时保持对客户端的一致性，主要用于需要表示一个对象的部分-整体层次结构的情况下。例如，文件系统中的目录和文件的层次结构可以使用组合模式来表示；当需要对单个对象和组合对象进行统一操作及处理时，可以使用组合模式；对一个包含多个图形对象的画布进行绘制操作时，可以使用组合模式来处理。

（7）享元模式（Flyweight Pattern）通过共享对象来减少内存的使用，以此提高性能。享元模式将对象分为可共享的内部状态和不可共享的外部状态。内部状态可以被多个对象共享，而外部状态是每个对象所独有的。通过共享内部状态，可以减少对象的数量，并方便不同的对象之间数据的交互操作。享元模式主要用于系统中存在大量相似的对象时，可以使用享元模式来减少对象的数量。例如，一个文本编辑器中的字符对象，可以使用享元模式来共享相同的字符对象；当系统需要节省内存的使用和提高性能时，可以通过共享对象实现。可以减少对象的数量，从而减少内存的使用和提高系统的性能。当系统需要在多线程环境中共享对象时，可以使用享元模式来保证对象的共享和线程安全性。由于享元对象的内部状态是不可变的，所以它们可以在多个线程中安全地共享。

1.2.3　行为型设计模式

行为型设计模式用于处理对象之间的通信和协作，它们提供了一种灵活的方式来定义对象之间的交互方式。常见的行为型设计模式包括观察者模式、策略模式和模板方法模式等。观察者模式定义了一种一对多的依赖关系,当一个对象的状态发生变化时,所有依赖于它的对象都会得到通知并自动更新。策略模式定义了一系列算法,并将其封装起来,从而可以动态地替换算法。迭代器模式提供了一种顺序访问聚合对象中各个元素的方式,而不暴露其内部表示。

(1) 观察者模式(Observer Pattern)定义了一种一对多的依赖关系,当一个对象的状态发生改变时,其所有依赖者都会收到通知并自动更新。通常通过将观察者对象注册到被观察者对象上实现,从而实现了对象之间的松耦合,主要用于当一个对象的状态发生改变时,需要通知其他对象进行相应更新的情况。例如,新闻订阅系统中,订阅者会在有新闻发布时收到通知并更新;用于当单击了一个菜单项时,通知对应的方法执行对应的动作。

(2) 策略模式(Strategy Pattern) 定义了一系列算法,并将每个算法封装到独立的策略类中,以使它们可以互相替换,并可以根据条件选择合适的算法。通常通过将算法的选择与使用者的代码分离实现,使使用者可以灵活地选择和切换算法,主要用于需要根据不同的情况选择不同的算法的情况下。例如,一个电商网站根据用户的购买记录,可以使用不同的折扣策略来计算最终价格;根据不同的收入情况选择不同的个税计算方式。

(3) 模板方法模式(Template Method Pattern)定义了一个算法的骨架,将一些步骤的实现延迟到子类中。它通过抽象类和具体方法实现算法的扩展,同时保持算法的整体结构不变。通常用于需要定义一个算法的框架,并允许子类在不改变算法结构的情况下重新定义算法的某些步骤的情况下。例如,一个游戏中的角色类可以定义一个通用的行为框架,而具体的角色子类可以实现自己特定的行为。

(4) 命令模式(Command Pattern)将请求封装成一个对象,从而可以用不同的请求对客户进行参数化。通常通过将请求的发送者和接收者解耦实现,从而可以对请求进行排队、记录、撤销等操作。通常用于需要将请求发送者和接收者解耦,并支持请求的排队、记录、撤销等操作的情况。例如,一个遥控器可以将不同的按钮与不同的命令绑定,实现对电器设备的控制;网络客户端请求服务器执行指定的任务。

(5) 迭代器模式(Iterator Pattern) 提供了一种顺序访问聚合对象中各个元素的方法,而不需要暴露其内部表示。它通过创建一个迭代器类,使该类包含对聚合对象的引用,并提供了遍历聚合对象的方法,主要用于需要按顺序访问一个聚合对象中的元素,但不希望暴露其内部结构的情况。例如,对一个列表进行遍历操作时,可以使用迭代器模式访问其中的元素。

(6) 责任链模式(Chain of Responsibility Pattern)将请求的发送者和接收者解耦,并将请求沿着一条链传递,直到有一个对象能够处理该请求为止或者逐步执行各个细分的任务。责任链模式允许多个对象有机会处理请求,将请求的发送者和接收者解耦,从而提高系统的灵活性和可扩展性。

责任链模式将请求的发送者和接收者解耦,发送者无须知道请求将由哪个对象处理,只需将请求发送给第1个处理者;允许动态地组合处理者,可以根据需要灵活地添加、移除或调整处理者的顺序;当一个处理者无法处理请求时,将请求传递给下一个处理者,直到有一个处理者能够处理为止。这样可以保证请求被处理，并且每个处理者只负责自己能够处理的部分。责任链模式通常用于系统中有多个对象有机会处理同一类型的请求，此时可以使用责任链模式。例如，一个订单处理系统中的多个处理者可以按照一定的顺序处理订单请求；当请求的发送者和接收者之间需要解耦时，可以使用责任链模式。发送者只需将请求发送给第 1 个处理者，而无须关心请求将由哪个对象处理。当需要动态地组合处理者并根据需要灵活地添加、移除或调整处理者的顺序时，可以使用责任链模式。

（7）中介者模式（Mediator Pattern）通过封装一系列对象之间的交互，使这些对象之间的通信变得松耦合，而不是直接相互引用。中介者模式通过引入一个中介者对象来集中处理对象之间的交互，从而减少对象之间的耦合度。

中介者模式将对象之间的交互从彼此直接引用的方式改为通过中介者进行，从而减少对象之间的耦合度。对象只需与中介者进行通信，无须关心其他对象的存在；将对象之间的交互逻辑集中在中介者中，使交互逻辑更清晰和更易于维护。中介者负责协调对象之间的通信，将复杂的交互逻辑封装在中介者中；将对象之间的交互逻辑封装在中介者中，使这些逻辑可以被多个对象共享和复用。同时，通过扩展中介者功能，可以方便地增加新的对象和交互逻辑。

中介者模式主要用于系统中的对象之间存在复杂的交互关系，导致对象之间的耦合度较高；当一个对象需要和多个其他对象进行通信且这些对象之间的交互逻辑较为复杂时，可以使用中介者模式来集中控制交互逻辑，使交互逻辑更清晰和更易于维护；当需要增加新的对象和交互逻辑时，可以通过扩展中介者功能实现，而无须修改已有的对象和交互逻辑。

1.3　本章小结

在软件开发过程中设计模式是一套被广泛接受并行之有效的解决软件设计问题的经验总结。设计模式提供了一种通用的解决方案，能够帮助开发人员设计出可重用、可扩展和易于维护的软件系统。

设计模式可以分为 3 种类型：创建型模式、结构型模式和行为型模式。创建型模式关注对象的创建过程，包括单例模式、工厂模式、抽象工厂模式等。结构型模式关注对象之间的组合和关联关系，包括适配器模式、装饰器模式、代理模式等。行为型模式关注对象之间的通信和交互，包括观察者模式、策略模式、模板方法模式等。

每种设计模式都有其独特的特点和应用场景。例如，单例模式适用于需要确保系统中只有一个实例存在的情况；适配器模式适用于将一个类的接口转换成客户端所期望的接口的情况；观察者模式适用于一个对象状态改变时需要通知其他对象的情况。

使用设计模式能够在软件开发过程中提供一些良好的思路和方式。例如，首先，设计模式提供了一种标准化的解决方案，使开发人员可以更加方便地理解和沟通设计思路；其次，提供了一种可重用的设计模板以减少重复代码的编写，从而提高开发效率；再次，设计模式还可以提高系统的可扩展性和可维护性，使系统更加灵活和易于维护；最后，设计模式为开发人员之间沟通提供一套便捷的术语和沟通方式，以提高沟通效率。

所谓的设计模式实际上是基于一套设计的基本哲学理念形成的一套设计公式。这些公式并不是万能的，也无法涵盖所有的实际需求。读者需要根据具体的情况来选择合适的设计模式。过度使用设计模式可能会导致代码变得复杂和难以理解，因此需要权衡利弊。

此外，设计模式并不是解决所有问题的唯一方法，还需要结合其他因素进行综合考虑。最后本书中提到的设计模式并不能解决所有的问题，具体的问题还需要具体分析，如果所有的设计模式都不能解决遇到的问题，或者针对提到的实际模式进行搭配使用或者设计新的设计模式来解决问题。

第 2 章

C++ 和 C++ 元编程基础知识

　　C++ 语言是一种通用的编程语言,基于 C 语言进行扩展,最早于 20 世纪 70 年代末由比雅尼·斯特劳斯特卢普(Bjarne Stroustrup,1950 年 6 月 11 日—)在 AT&T 贝尔工作室研发。在原来面向过程编程的基础上引入了面向对象的概念,增加了函数模板和类模板,很大程度上在 C 语言的基础上增大了代码的表达能力。函数模板和类模板提供了在编译期的自动生成代码的能力,这是绝大多数计算机语言所没有的。

　　C++ 语言是一种编译型语言,这也意味着采用 C++ 语言设计的程序从源代码到可执行程序需要经过预处理、编译、汇编、链接 4 个步骤。

　　C++ 基础知识包括类型、控制结构、函数、类和对象、继承和多态、标准库等方面。C++的语法与 C 语言类似,但引入了一些新的特性,如命名空间、引用、函数重载、运算符重载等。C++ 支持多种数据类型,包括基本数据类型(如整型、浮点型、字符型)和用户自定义的数据类型(如结构体、类)。控制结构包括条件语句(如 if 语句、switch 语句)和循环语句(如 for 循环、while 循环)。函数是 C++ 程序的基本组成单元,可以实现代码的封装和复用。类是面向对象编程的核心概念,它封装了数据和方法,并支持继承和多态性。

　　元编程通过在编译期间生成代码实现程序的灵活性和效率,其本质是利用代码生成代码。C++ 提供了对元编程的支持,主要通过模板和宏实现。

　　其中,宏是在 C 语言中就已经具有的特性,是一种在预处理阶段进行文本替换的机制,可以通过宏定义和宏展开达到元编程的目的。C++ 模板则是在编译期间生成具体代码,以实现类型和算法的参数化,提供了在编译期的数据和计算的多态化。C++ 的模板主要可分为函数模板和类模板,两者均支持代码的复用和泛化。

　　C++11 引入了许多现代程序设计的特性,也正是因为这些特性使从 C++11 开始 C++ 开发才称得上是现代 C++ 开发,其中新增的特性主要有以下几种。

　　(1) 自动类型推断(Type Inference):使编写代码时不必明确指定变量的类型,而是让编译器根据初始化表达式自动地推断出变量的类型。

　　(2) 智能指针(Smart Pointers):C++11 引入了 unique_ptr、shared_ptr 和 weak_ptr 等智能指针,用于管理动态分配的内存资源,避免了手动内存管理的问题,提高了代码的安全性和可维护性。此前在 C++ 和 C 语言的开发中内存管理的安全是颇为开发人员诟病的,而在C++11中则可以利用智能指针提高内存的安全性。

（3）移动语义（Move Semantics）：C++11引入了右值引用（Rvalue Reference）概念和移动构造函数（Move Constructor）特性，通过移动而不是复制对象来提高性能。移动语义可以在性能敏感的情况下避免不必要的复制操作，从而提高代码的效率。

（4）范围循环和初始化列表（Range-based for Loop and Initialized List）：使遍历容器更加简洁明了。同时，引入了初始化列表的语法，可以方便地初始化数组、容器和类的成员变量。

（5）匿名表达式（Lambda Expressions）：可以在代码中定义匿名函数，简化了函数对象的编写和使用，提高了代码的可读性和灵活性。

（6）constexpr（常量表达式）：关键字则允许在编译时求值的表达式被声明为常量。通过将常量表达式标记为 constexpr，可以提高代码的效率和性能。这个特性经常和模板配合使用，以此在编译期完成特定的计算。constexpr 修饰的变量或函数必须在编译时就能被求值。在C++11中 constexpr 可以用来修饰函数，但是函数中只能有一条返回语句。如果要进行复杂的计算，则需要进行递归调用来完成，这个约束在后续的C++17版本中放宽了，可以编写更为复杂的 constexpr 函数。

（7）可变参模板（Variadic Templates）：允许在模板定义中定义任意数量的类型或值参数，使模板更加灵活和通用。和模板的偏特化配合使用，可以编写非常灵活的元函数。

2.1　C++ 开发环境的准备

所谓工欲善其事，必先利其器，阅读本书并进行实际的编程实践前至少需要准备一个可用的 C++ 开发环境。开发环境最小集合应该包括编辑器和编译、链接器。本书中根据实际开发情况、平台通用性及经济角度综合考虑，推荐并指导读者安装合适的开发环境，如果读者已经安装了合适的编译器，则可以跳过本节。

C++ 的开发环境非常丰富，常见的主要有 GCC、Clang、Visual Studio 等，综合考虑编译环境的使用方便性、软件体积大小、费用及更新的方便性，本书推荐使用 GCC 编译器。GCC 编译器具有良好的跨平台性能，特别是在一些嵌入式开发中只有 GCC 可用。

在 Linux 系统下 GCC 编译链接环境多数是默认安装的，如果没有安装，则可以很容易地安装 GCC。若读者使用的是 Windows 系统，则可以先安装 MSYS2 仿 Linux 环境，然后在 MSYS2 环境下可以选择性地安装 GCC 或者 Clang。

虽然编辑 C++ 代码可以使用任意的文本编辑器进行编辑，但考虑到语法高亮、缩进及代码补全等功能的需要，推荐使用 Notepad++、Emacs、Vim 等。如果读者更习惯使用集成开发环境（Integrated Development Environment，IDE），例如 Code::Blocks、Qt Creator 等，则会在学习本书或者后续开发中更加方便。如果读者更加熟悉 Visual Studio 开发套件，则可以略过本节。如果读者使用其他的操作系统环境，例如 macOS 或者 Linux 各发行版本，则可按照自己使用的操作系统的具体情况安装相关软件。

2.1.1 安装 MSYS2 环境

MSYS2（Minimal SYStem 2）是一个运行在 Windows 系统下的类 UNIX/Linux 命令行环境的工具集。它主要用于 Shell 命令行开发环境，并基于 Cygwin（POSIX 兼容性层）和 MinGW-w64 构建，旨在提供更好的互操作性。

MSYS2 是一个独立的版本，相较于 Cygwin 或 WSL，MSYS2 更加轻量化和易用，同时提供了完整的包管理系统，使安装和更新软件包变得非常方便。另外还提供了一系列开发工具链，方便用户对程序进行编译和调试。

（1）读者可以在 MSYS2 官网下载 MSYS2 安装包，官网的在线安装包下载页面如图 2-1 所示。安装后需要读者进一步地安装需要的软件包及常用的第三方软件库。

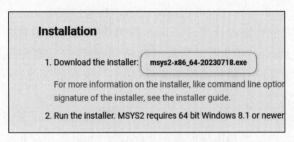

图 2-1　MSYS2 在线安装包下载

（2）选择安装路径，如图 2-2 所示，在这一步可以编辑自己期望安装的目录路径，也可以默认安装在 C 盘下。通常不推荐读者将 MSYS2 安装在系统盘，因为在后续的开发过程中会不断地安装新的第三方依赖库及需要的开发和调试工具，甚至自己会通过源码安装常用的第三方依赖，经过一段时间的使用后这个目录会变得非常大，而且通过源码安装的软件包，安装的难度和编译安装过程的时间成本是相当高的，一旦出现操作系统损坏将会导致需要花费大量时间来恢复开发环境。

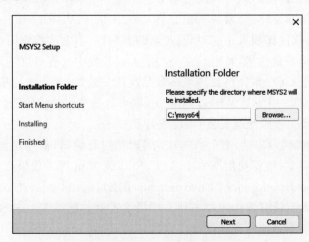

图 2-2　MSYS2 安装路径配置

（3）安装完成。MSYS2 安装完成后并不意味着编译环境已经安装完成，还需要安装 MinGW-GCC 编译套件支持 C++ 语言的预处理、编译和链接。

安装完成后，如图 2-3 所示，勾选 RUN MSYS2 now 选择框，然后单击 Finish 按钮打开 MSYS2，以便进一步地安装开发环境。

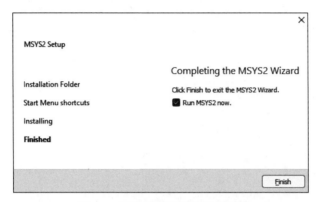

图 2-3　安装后启动 MSYS2 环境

（4）启动终端模拟器。执行完上一步，如果能够正常显示如图 2-4 所示的界面，则说明 MSYS2 已经安装成功。

图 2-4　MSYS2 运行环境

（5）更新软件源。初次安装 MSYS2 软件包管理器中的数据是相对比较旧的，所以终端启动后应该首先更新软件源数据库，将软件包数据同步到本地，并更新已经安装的软件包。在 MSYS2 中使用 pacMan 软件包管理器管理软件包。参数-Syu 用来更新数据源，下载并安装最新的软件包，命令如下：

```
$ pacman -Syu
```

（6）安装编译器。使用-S 参数来安装软件包，mingw-w64-ucrt-x86_64-gcc 是运行在 64 位 Windows 中使用 UCRT 库的 64 位 MinGW-GCC 编译器。当执行这个命令时，pacMan 包管理器会自动安装依赖的内容，操作命令如下：

```
$ pacman -S mingw-w64-ucrt-x86_64-gcc
resolving dependencies...
```

```
looking for conflicting packages...
Packages (15) mingw-w64-ucrt-x86_64-binutils-2.39-2
mingw-w64-ucrt-x86_64-crt-git-10.0.0.r68.g6eb571448-1
mingw-w64-ucrt-x86_64-gcc-libs-12.2.0-1
mingw-w64-ucrt-x86_64-gmp-6.2.1-3
mingw-w64-ucrt-x86_64-headers-git-10.0.0.r68.g6eb571448-1
mingw-w64-ucrt-x86_64-isl-0.25-1
mingw-w64-ucrt-x86_64-libiconv-1.17-1
mingw-w64-ucrt-x86_64-libwinpthread-git-10.0.0.r68.g6eb571448-1
mingw-w64-ucrt-x86_64-mpc-1.2.1-1
mingw-w64-ucrt-x86_64-mpfr-4.1.0.p13-1
mingw-w64-ucrt-x86_64-windows-default-manifest-6.4-4
mingw-w64-ucrt-x86_64-winpthreads-git-10.0.0.r68.g6eb571448-1
mingw-w64-ucrt-x86_64-zlib-1.2.12-1
mingw-w64-ucrt-x86_64-zstd-1.5.2-2
mingw-w64-ucrt-x86_64-gcc-12.2.0-1
Total Installed Size: 397.59 MiB :: Proceed with installation? [Y/n]
[... downloading and installation continues ...]
```

安装完成后,通过下面的命令检查是否安装成功。如果命令能够给出 GCC 的版本号,则说明已经正常安装 GCC 编译器。操作命令如下:

```
$ gcc --version
gcc.exe (Rev1, Built by MSYS2 project) 12.2.0
```

2.1.2　安装编辑器

编辑器在编程中的重要性不容忽视,它是程序员进行代码编写、修改和调试的必备工具。一个好的文本编辑器可以提高编程效率,减少错误,并提供一个舒适的工作环境。

首先,文本编辑器提供了语法高亮功能,可以自动识别和突出显示代码中的关键字、变量和注释等,使代码更加清晰易读。这对于程序员来讲非常有帮助,能够减少阅读和理解代码时的困难。

其次,文本编辑器通常具有自动补全功能,能够根据程序员输入的上下文自动补全代码片段或变量名。这不仅提高了编写速度,还减少了由于拼写错误或忘记某些细节而导致的错误。

另外,文本编辑器还支持多文件操作、代码折叠、查找和替换等功能,使程序员能够更方便地管理代码,快速定位问题并进行修改。

在众多代码编辑器中,Emacs、Vim 和 Notepad++ 各自具有独特的特点和优势。

Emacs 是一个高度可定制和可扩展的文本编辑器,拥有强大的快捷键系统和丰富的插件库。用户可以根据自己的需求定制 Emacs 的行为,并通过安装插件的方式来扩展其功能。Emacs 还集成了邮箱查看、日历管理等功能,使它不仅是一个编辑器,更是一个全功能的工作环境。

Vim 则是一个从 UNIX 平台的 Vi 编辑器发展而来的文本编辑器,具有强大的功能和高度可定制性。Vim 采用模式驱动的设计,拥有正常模式、插入模式和命令行模式等多种模式,使用户可以快速地切换并执行各种操作。Vim 还提供了丰富的编辑功能,如文本搜索替换、代码折叠和多光标编辑等,适用于编辑大型文件和代码。

Notepad++ 则是一款免费的开源文本编辑器,支持多种编程语言,并具备语法高亮、自动完成、括号匹配等功能。它能够对不同编程语言的代码进行高亮显示,帮助用户快速地浏览和理解代码结构。此外,Notepad++ 还支持插件扩展功能,用户可以通过安装插件来增加更多功能,如文件比较、FTP 上传等。

下面分别介绍这几种编辑器的安装过程。

(1) 安装 Emacs。Emacs 是一款非常强大和可定制的文本编辑器,它是由 Richard Stallman 和其他 GNU 计划的参与者开发的。Emacs 的设计理念是提供一个可扩展的工作环境,它可以作为一个编辑器,也可以作为一个操作系统,用于编写代码、写作文档、浏览文件等。

Emacs 具有广泛的功能和内置的编辑功能,包括语法高亮、自动缩进、宏录制、搜索和替换等。它支持多窗口和分屏,并提供了对鼠标的支持,但它更加强调使用键盘快捷键提高效率。

与 Vim 不同,Emacs 没有模式的概念。它提供了一个叫作 Emacs Lisp 的编程语言,可以用来扩展和自定义编辑器的功能。用户可以通过编写脚本来创建新的编辑命令、修改键绑定、添加新的模式等。这使 Emacs 能够满足不同用户的需求,并且可以根据个人偏好进行高度定制。

Emacs 有一个庞大的插件生态系统,用户可以从 Emacs Package Manager 中获取并安装许多实用的插件,例如 Company-mode(自动补全)、Magit(Git 管理)和 Org-Mode(文档编写和组织工具)。

尽管 Emacs 初学可能需要一些时间来掌握并记忆其特殊的命令和快捷键绑定,但一旦熟悉了基本的用法和自定义配置,Emacs 将成为一个非常强大和个性化的编辑器,因此 Emacs 深受许多程序员、写作者和系统管理员的喜爱。在 MSYS2 环境下可以直接安装 Emacs,操作命令如下:

```
$ pacman -S emacs
```

(2) 安装 Notepad++ 。Notepad++ 是一款免费的源代码编辑器和文本编辑器,它是 Windows 系统下的一种流行工具。Notepad++ 既适用于编写代码,也适用于编辑普通文本文件。

Notepad++ 支持多种编程语言的语法高亮,包括 C++ 、C♯、HTML、JavaScript、Python 等,这使代码更加易于阅读和编辑。此外,Notepad++ 还具有自动补全、自动补全括号和定位括号等功能,有助于提高编码效率。

除了基本的文本编辑功能外,Notepad++ 还提供了一些其他实用功能。例如,它支持多标签编辑，可以同时打开和编辑多个文件。它还提供了搜索和替换功能，可以根据关键字在文件或文件夹中进行全局搜索。此外，Notepad++还内置了一个强大的插件管理器，可以通过安装插件来扩展其功能，如代码折叠、文件对比、代码片段等。

Notepad++的界面简洁、易于使用，并且具有高度的可定制性。用户可以根据自己的需求进行界面布局和颜色主题的自定义。此外，Notepad++还支持宏录制功能，可以自动执行一系列编辑操作，提高效率。

读者可以自行在官网下载并安装。启动安装程序后按照图2-5～图2-10所示安装Notepad++。

图 2-5　安装 Notepad++ 的第 1 步

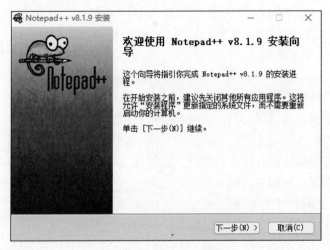

图 2-6　安装 Notepad++ 的第 2 步

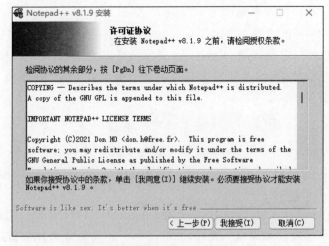

图 2-7　安装 Notepad++ 的第 3 步

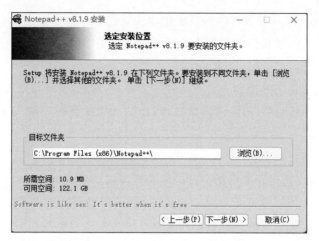

图 2-8　安装 Notepad++ 的第 4 步

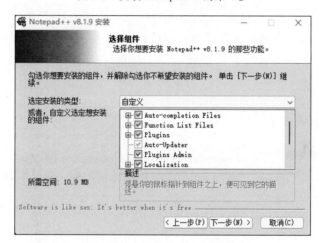

图 2-9　安装 Notepad++ 的第 5 步

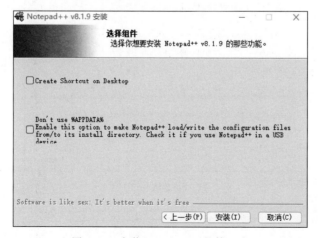

图 2-10　安装 Notepad++ 的第 6 步

（3）安装 Gvim,Gvim 是 Vim 的 GUI 版本。Vim 是一款非常强大且受欢迎的文本编辑器,是从 UNIX 的 Vi 编辑器发展而来的。Vim 具有许多功能,包括语法高亮、代码折叠、智能缩进、多文件编辑、宏录制、插件支持等。

Vim 的特点之一是它的模式。它有两种主要模式:命令模式和插入模式。在命令模式下,可以执行诸如复制、粘贴、删除等编辑操作,而插入模式则用于输入文本。此外,还有可视模式和 Ex 模式等。

Vim 支持多种编程语言,并提供了许多工具和快捷键来简化编程过程。它还支持自定义配置和脚本编写,使用户能够根据自己的需要定制编辑器。

Vim 有一个强大的插件生态系统,有很多社区开发的插件可供选择,以增加编辑器的功能和扩展性。一些受欢迎的插件包括 NERDTree(文件浏览器)、YouCompleteMe(自动补全)和 Ctrl+P(快速文件搜索)等。

尽管 Vim 初学可能需要一些时间适应其特殊的模式和快捷键,但一旦掌握了它的基本用法,它会成为一个非常高效和强大的文本编辑器,被许多程序员和系统管理员广泛使用。

读者可以在 Vim 项目官网自行下载 Gvim 安装包,如图 2-11 所示,并按照图 2-12～图 2-16 所示进行安装。

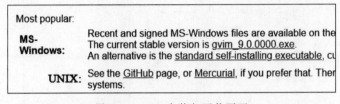

图 2-11　Vim 安装包下载页面

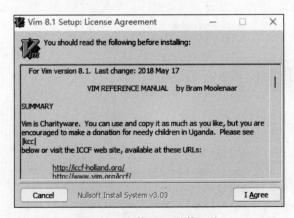

图 2-12　安装 Vim 的第 1 步

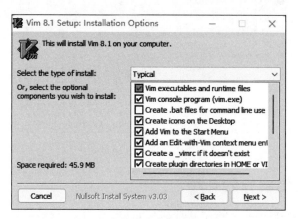

图 2-13　安装 Vim 的第 2 步

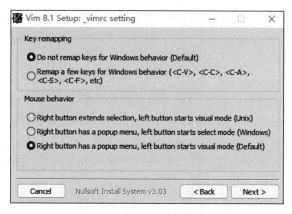

图 2-14　安装 Vim 的第 3 步

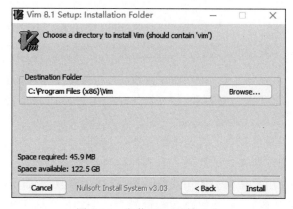

图 2-15　安装 Vim 的第 4 步

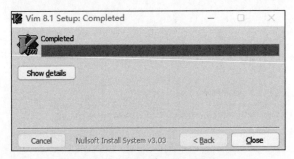

图 2-16　安装 Vim 的第 5 步

2.1.3　安装集成开发环境

C++ IDE 为 C++ 程序员提供了从代码编写、编译到调试的一站式服务，大大提高了开发效率。在众多的 C++ IDE 中，Qt Creator 和 Code::Blocks 各有特色，下面介绍这两款 IDE 的安装过程。

（1）安装 Qt Creator。Qt Creator 是一款跨平台的 IDE，虽然 Qt Creator 是 Qt 框架配套的开发环境，但是 Qt Creator 也可以用于非 Qt 程序的开发中。

Qt Creator 可以在 Windows、Mac 和 Linux 等多个操作系统上运行。有直观的界面设计工具，可以通过拖曳和放置的方式创建和编辑用户界面。它还提供了丰富的控件库和布局工具，使界面设计更加方便快捷；内置了一个强大的代码编辑器，支持语法高亮、代码自动完成功能和代码重构等；具有智能提示和错误检查功能，可以帮助开发者提高编码效率和代码质量；集成了一个强大的调试器，可以用于调试 Qt 应用程序；支持断点、变量查看和调用堆栈跟踪等功能，帮助开发者快速定位和修复错误；提供了项目管理功能，可以轻松地创建、构建和部署 Qt 项目；支持版本控制工具，可以与 Git 和 SVN 等集成；支持插件架构，可以通过安装各种插件来扩展其功能；提供了其他工具，如国际化工具、资源编辑器和样式编辑器等。

在 MSYS2 环境下可以直接安装 Qt Creator，可以使用 pacMan 命令安装：

```
$ pacman -S mingw-w64-x86_64-qt-creator
```

（2）安装 Code::Blocks。Code::Blocks 是一个开源的 IDE，支持使用 C、C++ 和 Fortran 等编程语言进行开发。它提供了一个友好的用户界面和丰富的功能，使程序员可以更轻松地编写、编译和调试代码。Code::Blocks 可在 Windows、Mac 和 Linux 等多个操作系统上运行。允许用户选择自己喜欢的编译器，并提供了与多个编译器的集成支持。用户还可以选择不同的调试器来调试代码。具有代码自动完成功能，可以帮助提高编码效率，并减少输入错误。允许用户创建和使用代码片段，以减少重复的代码输入，它提供了多种代码浏览和导航工具，如代码折叠、代码跳转和符号查找等，使在大型项目中的代码管理更加方便。支持插件架构，可以通过安装各种插件来扩展其功能，如版本控制、集成开发环境等。除了 C、C++ 和 Fortran，Code::Blocks 还支持其他编程语言，如 Java、Python 和 Perl 等。

　　读者可以在其官网下载安装包,如图 2-17 所示。下载软件包后,便可以按照图 2-18～图 2-23 所示的顺序进行安装。

图 2-17　Code::Blocks 下载页面

图 2-18　安装 Code::Blocks 的第 1 步

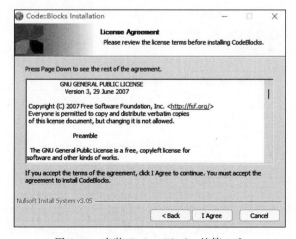

图 2-19　安装 Code::Blocks 的第 2 步

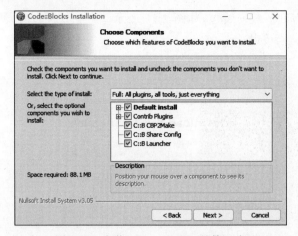

图 2-20　安装 Code::Blocks 的第 3 步

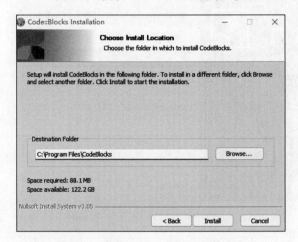

图 2-21　安装 Code::Blocks 的第 4 步

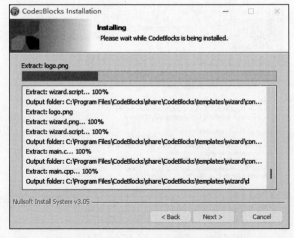

图 2-22　安装 Code::Blocks 的第 5 步

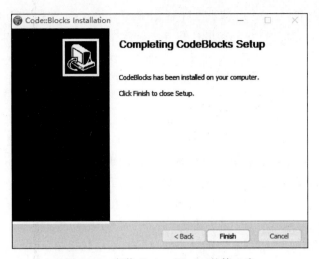

图 2-23　安装 Code::Blocks 的第 6 步

2.2　C++ 基础预备知识

　　C++ 语言是 C 语言的超集,支持面向过程编程、面向对象编程和元编程,和 C 语言一样,也是编译型语言。C++ 最早可以追溯到 20 世纪 70 年代,距今已有 40 多年的历史,并随着 C++11、C++14 等新标准的出台,使这门计算机语言历久而弥新,不断推出新的特性以使开发效率和运行效率不断提高。

　　面向过程编程(Procedural Programming)将程序视为一系列的命令集合,即一组函数的顺序执行,重点关注的是解决问题的过程。面向过程编程强调的是解决问题的步骤和过程,将问题分解为一系列子问题,并按照一定的顺序执行函数来解决问题。

　　在面向过程编程中程序流程是线性的,按照顺序执行每个函数。每个函数通常完成一个特定的任务,并返回结果。面向过程编程的优点是简单直观,易于理解和实现。

　　面向过程编程方式存在一些局限性,这种模型符合解决问题的处理流程,但是不符合现实世界的结构构成。例如,对于复杂的问题,面向过程编程可能会使代码变得冗长和难以维护,并且面向过程的编程模型对于现实世界的描述能力不足,难以表达现实中的各个对象,如椅子、树等。面向过程编程代码的可复用性相对较差,难以实现具有高度抽象的可复用的模块。面向对象编程则是为了解决面向过程编程的不足而提出的新的编程范式。

　　面向对象编程(Object-Oriented Programming,OOP)将对象作为核心概念,并基于对象来设计软件应用程序。面向对象编程具有许多优点,如具有良好代码的可重用性、可维护性和可扩展性等。

　　在面向对象编程中对象是一个独立的实体,它包含了数据(属性)和方法。类(Class)是对象的抽象定义,它定义了对象的属性和方法。实例(Instance)是类的具体实现,它是根据类创建的对象。类可以类比为机械加工的蓝图,实例则是加工出的工件。

面向对象编程的主要特点包括封装（Encapsulation）、继承（Inheritance）和多态（Polymorphism）。封装是将对象的属性和方法封装在一个独立的单元中，隐藏对象的内部细节，只通过公共接口访问对象。继承是子类继承父类的属性和方法，从而实现在已有类的基础上创建新类。多态是允许一个接口被多种数据类型实现，从而允许使用不同的对象来执行相同的操作。

当前面向对象编程语言很多，如 C++ 、Java、Python 等。这些语言都支持面向对象编程范式，提供了类、对象、继承和多态等核心概念的实现。使用面向对象编程可以使软件开发更加高效和可靠，从而提高软件开发的效率和软件的可靠性、通用性和可复用性。面向对象编程是面向过程编程的扩展和演进，面向对象编程语言多数也支持面向过程编程。

元编程（Meta Programming）则旨在编写以代码生成代码的代码。通过元编程，开发人员可以动态地创建、修改和扩展代码，具有高度的抽象性和灵活性。熟悉常见的数据结构和算法对于编写高效的 C++ 程序至关重要。常见的数据结构包括数组、链表、栈、队列、树、图等，而算法包括排序、查找、递归、动态规划等。了解这些数据结构和算法的特点和应用场景可以帮助我们选择合适的数据结构和算法来解决实际问题，其中多数据结构和算法在 C++ 标准库（STL）都已经实现。

标准模板库（Standard Template Library，STL）是 C++ 语言的一个基础模板集合，包含了各种常用的存储数据的模板类及相应的操作函数，也是元编程最具有代表性的实现实例。STL 最初是由惠普实验室（Hewett-Packard Labs）开发，并于 1998 年被定为国际标准，正式成为 C++ 语言的标准库。

STL 的组成部分包括容器（Containers）、迭代器（Iterators）、仿函数（Functors）、内存分配器（Allocator）及一些重用的算法库。

容器包括向量（vector）、列表（list）、双端队列（deque）、栈（stack）、队列（queue）、优先队列（priority_queue）、集合（set）、映射（map）等，用于存储和管理数据。

迭代器提供了一种访问容器中元素的通用方式，包括输入迭代器、输出迭代器、前向迭代器、双向迭代器和随机访问迭代器。

仿函数是可调用对象，可以像函数一样使用，用于定制算法的行为。

内存配置器用于管理动态内存的分配和释放。

STL 具有高度的抽象性、通用性和运行的性能，是开发的利器。读者应该对各种模块的应用和原理进行仔细学习和研究，并应用到自己的开发工作中，以提高代码的可读性、安全性和相关性能。

2.2.1　C++ 语言的基本语法

下面将快速地浏览一下 C++ 的基本语法，但本书的主要目的不在于讲述 C++ 语言的基础，读者可以根据本书提到的内容查阅资料进行系统学习或者复习。

（1）注释：C++ 中的注释可以用来解释代码的作用和意图，不会被编译器执行。C++ 支持两种注释方式：单行注释（//）和多行注释（/＊　＊/）。单行注释从//开始，到行末为止;多行注释以/＊开始,以＊/结束。

(2) 标识符:在 C++ 中,标识符用于给变量、函数、类等命名。标识符由字母、数字和下画线组成,必须以字母或下画线开头,并且区分大小写。一些关键字(如 if、for、int 等)不能用作标识符。

(3) 数据类型:C++ 支持多种数据类型,包括基本数据类型和用户自定义的数据类型。常见的基本数据类型包括整型(int、long)、浮点型(float、double)、字符型(char)等。用户自定义的数据类型包括结构体(struct)和类(class)。

(4) 变量:在 C++ 中,变量用于存储数据。在使用变量之前,需要先声明变量的类型和名称。变量的声明通常形如"数据类型 变量名";例如 int age;。变量还可以被初始化,即在声明的同时给变量赋初值,例如 int count ＝ 0;。

(5) 常量:常量是指在程序运行期间不可改变的值。在 C++ 中,可以使用 const 关键字声明常量。常量的声明通常形如"const 数据类型 常量名 ＝ 初值;",例如 const int MAX_SIZE ＝ 100;。

(6) 运算符:C++ 支持多种运算符,用于进行各种计算和操作。常见的运算符包括算术运算符(＋、－、＊、/)、赋值运算符(＝)、比较运算符(＝＝、!＝、＜、＞等)、逻辑运算符(&&、||、! 等)等。

(7) 控制结构:C++ 提供了多种控制结构,用于控制程序的执行流程。常见的控制结构包括条件语句(if、else if、else)、循环语句(for、while、do-while)和跳转语句(break、continue、return)等。

(8) 函数:函数是 C++ 程序的基本组成单元,用于封装可重用的代码块。函数由函数名、参数列表、返回类型和函数体组成。函数的定义通常形如"返回类型 函数名(参数列表){ 函数体 },例如 int add(int a,int b) { return a ＋ b; }。

(9) 输入/输出:C++ 提供了输入/输出流(iostream)库,用于进行输入和输出操作。常见的输入函数包括 std::cin 和 std::getline(),用于从标准输入读取数据;常见的输出函数包括 std::cout 和 std::cerr,用于向标准输出打印数据。

2.2.2 C++ 语言面向对象编程

C++ 面向对象编程是通过 struct 和 class 将数据和操作数据的方法封装在一起,以创建对象实现程序的设计和开发。面向对象的编程具有 3 个主要的特性,即封装、继承和多态,这是面向对象编程的核心心法。

需要注意的是,面向对象开发实际上是一种思想,传统的面向过程的开发语言,例如 C 语言,同样可以实现面向对象编程的思想,但在语言本身的层面上对面向对象特性的支持就没有 C++ 语言那么完善,实际使用 C 语言进行面向对象开发相对来讲工作量和开发难度也会比 C++ 更大。

在 C++ 中通过定义类(class 或者 struct)来创建对象,类是实例化对象的模板,是一种用户自定义的数据类型。类可以包含数据成员(属性)和成员函数(方法)。通过在类中封装数据和方法,可以将代码组织得更加结构化和模块化,从而更加符合现实世界的实际样子。

C++中的类可以使用访问控制修饰符(public、private和protected)来控制对成员的访问权限。public成员可以在类的外部访问,private成员只能在类的内部访问,protected成员可以在类的内部和派生类中访问。

继承、多态和封装等是面向对象编程的重要特性。继承允许通过从已有类派生出新类的方式来扩展和重用代码。多态允许在运行时根据实际对象的类型来调用相应的方法,提高代码的灵活性和可扩展性。封装使对象的内部细节对外部是隐藏的,只提供公共接口。

在C++中使用构造函数和析构函数来创建和销毁对象。构造函数在对象创建时初始化成员变量,析构函数在对象销毁时执行清理操作。此外,C++还支持运算符重载和模板等高级特性,以提供更灵活的对象操作和泛型编程能力。

(1)封装:在C++中,封装是一种将数据和操作数据的方法(成员函数)封装在类中的特性。在C++中可以使用private关键字声明私有的访问特性。当数据或者方法(函数)被声明为private时,只允许类的成员函数或方法访问;使用protected声明的数据或者方法可以被子类的成员访问,但不允许被外部的方法访问。子类中继承的protected约束的方法或者数据在子类中访问权限则变为private。当数据或者方法被声明为public类型时,是允许外部访问的,因此public约束的方法或者数据通常用来对外暴露出对象的操作接口。

封装的主要目的是保护数据的完整性和安全性,并提供简单的访问方式。通过将数据封装在类中,可以防止直接访问、修改或破坏私有成员数据。只能通过公共接口访问和修改私有成员,这样可以有效地进行数据验证和逻辑控制。

下面用一个简单的例子来说明C++的封装特性,代码如下:

```cpp
//第2章/encapsulation.cpp
#include<iostream>
using namespace std;
class Circle
{
private:
    double radius;       //不允许外部访问
public:
    void setRadius(double r)
    {  //public约束允许外部使用的方法
        if (r > 0) {
            radius = r;
        } else {
            cout << "Invalid radius value!" << endl;
        }
    }
    double getRadius()
    {      //public约束允许外部使用的方法
        return radius;
```

```
    }
    double getArea() { //public 约束允许外部使用的方法
        return 3.14 * radius * radius;
    }
};
int main()
{
    Circle c1;
    //通过公共接口设置圆的半径
    c1.setRadius(5);
    //通过公共接口获取圆的半径
    cout << "Circle 1 radius: " << c1.getRadius() << endl;
    //通过公共接口计算圆的面积
    cout << "Circle 1 area: " << c1.getArea() << endl;
    //通过公共接口设置圆的半径会触发数据验证
    Circle c2; c2.setRadius(-3);
    //通过公共接口获取圆的半径
    cout << "Circle 2 radius: " << c2.getRadius() << endl;
    //通过公共接口计算圆的面积
    cout << "Circle 2 area: " << c2.getArea() << endl;
    return 0;
}
```

在这个例子中,Circle 类封装了一个圆的半径(private 成员变量)及设置半径、获取半径和计算面积的方法(公共成员函数)。通过将 radius 声明为 private,外部代码无法直接访问和修改该成员变量,只能通过 setRadius 和 getRadius 方法设置和获取半径的值。

在 setRadius 方法中对数据进行了验证,只有半径大于 0 时才将值赋给 radius。这样可以确保圆的半径始终有效。如果半径小于或等于 0,则会输出错误信息。

通过封装可以隐藏类的内部实现细节,只向外界提供简单而安全的访问方式。这样可以确保数据的有效性和一致性,并提高代码的可读性和可维护性。

(2) 继承:允许一个类使用另一个类的属性和方法,从而实现代码的复用。

在 C++ 中,一个类可以从另一个类继承,被继承的类称为基类或父类,继承类称为派生类或子类。子类可以继承父类的公有成员和保护成员,但不能继承私有成员。继承关系可以用来实现一种“是一种”的关系,例如一个派生类可以是一个基类的特殊类型。

下面是一个简单的示例代码,用于展示 C++ 中的继承概念,代码如下:

```
//第 2 章/inheritance.cpp
#include <iostream>
using namespace std;
class Animal {
public:
    void eat() {
```

```
            cout << "动物正在吃食物" << endl;
    }
};
//Dog 类继承自 Animal 类
class Dog : public Animal {
public:
    void bark() {
        cout << "狗在汪汪叫" << endl;
    }
};
int main()
{
    Dog dog;
    dog.eat();          //调用基类的方法
    dog.bark();         //调用派生类的方法
    return 0;
}
```

在上述示例中,Animal 类是一个基类,其中拥有一个 eat()方法,而 Dog 类是一个派生类,它继承了 Animal 类,并新增了一个 bark()方法。在 main 函数中,创建了一个 Dog 对象,并可以调用基类的 eat()方法和派生类的 bark()方法。通过继承,Dog 类可以重用 Animal 类的方法,并且可以添加自己特有的方法。

继承还可以实现多层继承,即一个类可以从一个派生类继承,即祖生父,父生子,子生孙,子子孙孙无穷匮。C++ 支持单继承和多继承的方式,但在实际使用中需要谨慎设计,避免出现继承层次过深或冗余的情况,以及出现菱形继承的情况等。多重继承的语法格式如下:

```
class DerivedClass: public BaseClass1, public BaseClass2, ...
{
    //类的成员和方法
};
```

在多重继承中,派生类可以获得每个基类的成员变量和成员函数。它可以从不同的基类继承不同的特性,从而实现更灵活的代码结构。

然而,多重继承也可能引发一些问题。其中的一个主要的问题是:如果多个基类中有相同的成员函数或成员变量,派生类在调用这些成员时则会出现歧义,编译器无法确定具体调用哪个基类的成员。当遇到这种情况时,可以使用作用域解析运算符“::”,以便显式地指明调用哪个基类的成员。

另一个问题是,多重继承可能导致类之间的紧密耦合,使代码难以阅读和维护。因此,在使用多重继承时需要谨慎考虑,避免过度且复杂的继承关系。

多重继承是 C++ 中强大且灵活的特性,可以实现更复杂的类之间的关系,但在使用时需要注意避免歧义和过度复杂化的问题。

（3）多态：C++ 多态是面向对象编程中的一个重要概念，指的是通过基类的指针或引用来调用派生类的成员函数，实现同一操作在不同对象上有不同的行为。多态是通过继承、虚函数和动态绑定实现的。

举个例子，定义一个基类 Animal，然后派生出两个子类 Dog 和 Cat。基类 Animal 中定义了一个虚函数 makeSound()，派生类 Dog 和 Cat 分别重写了这个函数，代码如下：

```cpp
//第2章/polymorphism.cpp

#include <iostream>
using namespace std;

class Animal
{
public:
    virtual void makeSound()
    {   //使用虚函数定义接口,在子类中实现多态
        cout << "This is an animal." << endl;
    }
};
class Dog : public Animal
{
public:
    virtual void makeSound() override
    {   //重写虚函数,呈现出狗的叫声
        cout << "Dog barks." << endl;
    }
};
class Cat : public Animal
{
public:
    virtual void makeSound() override
    { //重写虚函数,呈现出猫的叫声
        cout << "Cat meows." << endl;
    }
};
int main()
{
    Animal * animal1 = new Dog();
    Animal * animal2 = new Cat();
    animal1->makeSound();            //输出 "Dog barks."
    animal2->makeSound();            //输出 "Cat meows."
    delete animal1;
    delete animal2;
    return 0;
}
```

在上述例子中,通过基类 Animal 的指针调用 makeSound()函数,运行时是根据指针所指的实际对象类型来决定调用哪个版本的函数,即动态绑定。通过多态性可以实现对不同类型的对象进行统一操作,从而提高代码的可扩展性和复用性。

2.2.3　接口和实现

在 Java 语言中接口(Interface)是一种特殊的类型,它定义了一个类必须实现的方法,而类实现(Implementation)则是指一个类继承了一个或者多个接口,并实现了接口中定义的方法。在接口中主要定义了一组方法,明确了方法名、参数列表和返回类型,但没有提供方法的具体实现,也就是没有编写具体的处理逻辑代码。接口中可以包含常量(被默认为 public static final),但不能包含普通的变量和方法的具体实现。

接口使用 interface 关键字进行声明,其语法格式如下:

```
public interface InterfaceName
{
//抽象方法的定义
//常量的定义
}
```

类可以通过 implements 关键字实现一个或多个接口,并提供接口中定义的方法的具体实现。一个类可以实现多个接口,用逗号分隔,但是 Java 不支持多重继承,一个类只能继承一个父类。

当类实现接口时,必须实现接口中所有的抽象方法,否则该类必须声明为抽象类。通过实现接口,类可以获得接口中定义的方法,并且这些方法可以在类中进行定制化实现。

在 C++ 中虽然没有接口这个关键字,但是可以利用多态实现相同的功能。在声明一个类时将类中的成员函数全部声明为纯虚函数,并定义一个虚析构函数,并且 C++ 支持多重继承。使用上面的两个特性,完全可以实现 Java 的接口功能。下面是一个在 C++ 中实现相同功能的示例:

```
//第 2 章/interface.cpp

#include <iostream>
//定义接口类
class Interface
{
public:
    virtual ~Interface(){}
    //纯虚函数,没有具体实现
    virtual void method1() = 0;
    virtual void method2() = 0;

};
```

```
//实现类
class Implementation : public Interface
{
public:
    virtual void method1() override
    {
        std::cout << "Implementation method 1" << std::endl;
    }
    virtual method2() override
    {
        std::cout << "Implementation method 2" << std::endl;
    }
};
int main()
{
    Implementation impl;
    //调用实现类的方法
    impl.method1();
    impl.method2();
    return 0;
}
```

在上述示例中,首先定义了一个名为 Interface 的抽象类,在该抽象类中声明了两个纯虚函数 method1()和 method2(),它们没有具体的实现;然后定义了一个名为 Implementation 的类,它继承自 Interface 并实现了 Interface 中的纯虚函数。在 main()函数中,创建了一个 Implementation 的实例,并通过该实例调用了 method1()和 method2()方法。

进一步地使代码看起来更加清晰,可以通过宏定义的方式模拟 Java 的关键字 interface 和 implements,实现代码如下:

```
#define interface    class
#define implements    public
```

2.3　C++ 元编程基础知识

C++ 元编程是一种利用编译器编译时计算能力来生成代码的技术,也就是一种以代码生成代码的技术,这也是 C++ 语言一个很出色的特性。元编程有两种方式,即宏方式和模板方式。此后本书中所讲的元编程技术通常是指模板编程方式。虽然如此,在本书中实现的设计模式模块经常也会出现宏和模板编程混用的情况。

元编程技术和 C++ 的日常编程是密不可分的,例如 C++ 的标准库(STL)和大名鼎鼎的准标准库 Boost 中大量地使用了元编程技术。使用元编程技术能够在有效地提高代码的通用性的同时也增加了开发和调试的难度,所以,通常情况下元编程技术主要用于通用框架的开发工作中。这也正是在本书中使用元编程技术实现通用设计模式模板的原因。

在元编程过程中,通常会使用 C++ 的模板特性和 STL 提供的模板元编程功能实现自己的模块。元编程可以在编译期间进行逻辑判断、循环、函数调用等操作,并生成符合需求的代码。

在 C++ 中,模板是在编译时采用的参数化类型的代码生成机制。通过模板和编译器提供的类型信息,可以在编译期间由编译器进行解释和运行各种计算和逻辑运算,从而以代码生成代码。可以将 C++ 编译器理解成一个脚本语言的解释器,这个解释器运行的是 C++ 的元函数。

元函数并不是一个标准的术语,通常是指一个模板,当给定不同的类型或值时,它会产生不同的类型或值。这种模板的行为很像一个函数,但它不是真正的函数,而是在编译时执行的模板实例化。

元编程在 C++ 中的应用场景很广泛,例如模板元编程可以在编译期间实现静态多态性,即模板函数和模板类可以根据不同的参数类型生成不同的代码。它还可以用于在编译期间进行条件编译、代码优化、代码生成等操作。

下面是一个简单的示例,展示了 C++ 的元编程特性,代码如下:

```cpp
//第 2 章/metaExample.cpp

#include <iostream>

template<int N> struct Factorial
{
    //value是元函数 Factorial< int N >的返回值
    static const int value = N * Factorial<N-1>::value;    //递归调用元函数
};
template<> struct Factorial<0>
{
    static const int value = 1;
};

int main()
{
    const int result = Factorial<5>::value;        //在编译期间计算 5 的阶乘
    std::cout << "5 的阶乘是:" << result << std::endl;
    return 0;
}
```

在上述示例中,使用模板元编程实现了计算阶乘的功能。通过定义一个 Factorial 模板结构体,它的 value 成员变量表示阶乘的结果。在编译期间,编译器会根据 Factorial::value 的调用递归地展开模板,并计算对应值的阶乘。

元编程技术是一种高级的编程技术,可以在编译期间生成高效的代码,提高程序的性能和灵活性。它在库和框架开发中被广泛应用,通过元编程技术可以实现更加通用、灵活和高效的代码,但它也比较复杂,需要深入理解 C++ 的模板和编译器的工作原理才能熟练运用。

此外,可以通过宏和模板配合使用,能够在预处理阶段和编译阶段进行更加灵活的处理,能够非常有效地实现以代码生成代码。

在本书中实现的绝大多数设计模式代码中使用了元编程技术,但是本书的目的并不是纯粹地介绍 C++ 的元编程技术和技巧,本节只是简单地介绍元编程涉及的技术。读者要读懂后续章节的内容,如果元编程和宏的使用并不熟练,则需要另外查阅宏和 C++ 模板编程的相关资料或者书籍。

2.3.1　C++ 函数模板

在C++11和之前的版本中模板主要分成两种,一种是函数模板,另一种是类模板。

C++ 函数模板允许编写可以适用于不同类型的函数。函数模板是通过模板定义关键字 template 和泛型参数来定义的,这些泛型参数可以在用来修饰函数的参数列表、返回类型或函数体中使用。

看一个简单的 C++ 函数模板示例,代码如下:

```
//第 2 章/templateFunc.cpp

#include <iostream>

template <typename T>
T max(T a, T b) {  return (a > b) ? a : b; }

int main()
{
    int x = 5, y = 10;
    float p = 3.14, q = 2.7;
    //max()函数被实例化成 int max(int a, int b)的形式
    std::cout << max(x, y) << std::endl;      //输出 10
    //max()函数被实例化成 int max(float a , float b)的形式
    std::cout << max(p, q) << std::endl;      //输出 3.14
    return 0;
}
```

在上述示例中,max()函数是一个函数模板,并使用 typename 关键字定义了一个模板参数 T,在实际使用时是一种类型,如此也就将数据的类型进行参数化了。这允许 max()函数在编译时对不同类型的参数进行实例化。通过比较两个参数的大小,max()函数将返回较大值。

在 main()函数中,max()函数被分别实例化为处理 int 和 float 类型的版本。在这种情况下,编译器会根据函数模板的定义自动生成适当的函数实现。

函数模板也可以包含多个模板参数,并且可以应用于其他函数特性,如默认参数、重载和特化。例如,可以定义一个函数模板来计算数组的平均值,代码如下:

```
template <typename T, int size>
double average(T arr[size])
{
    double sum = 0;
    for (int i = 0; i < size; i++) {
        sum += arr[i];
    }
    return sum / size;
}
```

通过函数模板,可以提高代码的重用性和灵活性。使用函数模板来定义可以处理不同类型任务的函数,从而避免编写多个具有相似功能的函数。

2.3.2　C++ 类模板

类模板允许编写可以适用于不同数据类型的类。类模板是通过模板关键字 template 和泛型参数来定义的,这些参数可以在类的成员变量、成员函数或类体中使用。定义类的模板可以使用 class,也可以使用 struct。

下面是一个简单的 C++ 类模板示例,代码如下:

```
//第 2 章/templateClass.cpp

# include <iostream>

template <typename T>
class Stack
{
private:
    T * data;
    int size;
    int capacity;
public:
    Stack(int capacity)
    {
        capacity = capacity;
        size = 0;
        data = new T[capacity];
    }
    void push(T element)
    {
        if (size < capacity) {
            data[size++] = element;
        }
    }
```

```
        T pop()
        {
            if (size == 0) {
                return {};    //返回空对象
            }
            return data[--size];
        }
        bool isEmpty()
        {
            return size == 0;
        }
};

int main()
{
    //实例化成整型数的 Stack
    Stack<int> intStack(5);
    intStack.push(1);
    intStack.push(2);
    intStack.push(3);
    std::cout << intStack.pop() << std::endl;        //输出 3
    //实例化成 std::string 的 Stack
    Stack<std::string> stringStack(5);
    stringStack.push("hello");
    stringStack.push("world");
    std::cout << stringStack.pop() << std::endl;    //输出 world
    return 0;
}
```

在上述示例中,Stack 类被声明为一个类模板,并使用 typename 关键字定义了一个模板参数 T,允许 Stack 类在编译时对不同类型的数据进行实例化。

在 main()函数中,Stack 类被分别实例化为处理 int 和 std::string 类型的版本。在这种情况下,编译器会根据类模板的定义自动生成适当的类实现。通过模板参数实现了一次编码的模块能够适用多种不同数据类型的情况。

类模板也可以包含多个模板参数,并且可以应用于其他类特性,如继承、成员模板和特化。通过类模板,可以提高代码的重用性和灵活性。使用类模板来定义可以处理不同类型任务的类,从而避免编写多个具有相似功能的类。

从 C++11 开始支持了可变模板参数,使模板参数的个数可以不确定。变长参数被折叠成一个参数包,使用的时候通过迭代展开或者使用新增的 std::tuple 展开。

需要注意的是,不论是函数模板还是函数类模板在进行具体实例的操作时都是在编译的过程中进行的,一旦编译过程中确定了,参数在运行期是不可以进行多态化的,所以 C++的模板是一种静态的多态化。在编译的过程中对数据类型进行多态化,而 C++ 的虚函数则是对行为进行多态化。

2.3.3　模板参数

模板参数是在编写泛型代码时使用的特殊参数类型。使用模板参数可以在编译时将类型作为参数传递给模板，从而在编写代码时可以处理不同类型的数据。

在 C++ 中，有两种类型的模板参数，即类型模板参数和非类型模板参数。类型模板参数允许在模板中使用不同的数据类型，代码如下：

```
template <typename T>
void swap(T& a, T& b)
{
    T temp = a;
    a = b;
    b = temp;
}
```

在上面的示例中，T 是一种类型模板参数，它允许在编写代码时使用不同的数据类型来调用 swap 函数。

非类型模板参数允许在模板中使用常量表达式作为参数，代码如下：

```
template <int SIZE>
struct Buffer
{
    int data[SIZE];
};
```

在上面的示例中，SIZE 是一个非类型模板参数，可以在编写代码时指定 Buffer 结构体中的数组大小。

通过模板参数可以编写更通用、更灵活的代码，可以通过传递不同的类型或常量值来生成不同的代码实例。这使 C++ 中的泛型编程变得更强大、更灵活且通用性良好。

在 C++11 中新增可变模板参数，支持模板接受任意数量的类型参数，可变模板参数的基本语法是在模板声明中使用省略号(...)来表示可以接受任意数量和类型的参数。详细介绍参见 4.1.7 节。

2.4　本章小结

在本章中概括地浏览了 C++ 编程语言的一些核心知识点。首先，回顾了 C++ 的基本语法，包括了变量、数据类型、控制结构、函数等基础概念。接着深入地探讨了面向对象编程(OOP)的核心思想，如类、对象、继承、多态和封装等。此外还简要地介绍了 C++ 模板的使用，以及模板在泛型编程中的应用。总体而言，C++ 是一门功能强大的编程语言，通过掌握这些基本概念和核心技术，程序员可以更好地发挥 C++ 的潜力，创造出各种复杂的应用程序。

本章还为读者推荐了一些常用的编辑器和 IDE,以方便读者在阅读本书时自行体验。这些编辑器和 IDE 具有不同的特点和功能,读者可以根据自己的需求选择适合自己的工具。

(1) Emacs 编辑器:Emacs 是一种流行的文本编辑器,它具有高度可定制性和可扩展性,可以通过插件扩展其功能。Emacs 还支持多种编程语言和文本格式,并提供了强大的版本控制功能。

(2) Notepad++ 编辑器:Notepad++ 是一种轻量级、快速和免费的文本编辑器,适用于 Windows 操作系统。它支持多种编程语言和文本格式,并提供了丰富的编辑功能和插件。

(3) Gvim 编辑器:Gvim 是一种文本编辑器,它是 Vim 的图形化界面版本。Gvim 具有高效的编辑功能和高度可定制性,可以通过插件扩展其功能。它支持多种编程语言和文本格式。

(4) Code::Blocks 开发环境:Code::Blocks 是一种开源、跨平台的 IDE,适用于 Windows、Linux 和 macOS X 等操作系统。它支持多种编程语言和平台,并提供了强大的项目管理、代码编辑和调试功能。Code::Blocks 具有轻量级和易于使用的特点,适合初学者使用。

(5) Qt Creator 开发环境:Qt Creator 是一种跨平台的 IDE,适用于 Windows、Linux 和 macOS X 等操作系统。它基于 Qt 框架开发而成,提供了强大的代码编辑、调试和可视化界面设计功能。Qt Creator 支持多种编程语言和平台,尤其适用于开发 Qt 应用程序。

对于学习 C++ 编程的读者来讲,以上推荐的编辑器和集成开发环境可以帮助读者更加高效地编写、调试和测试 C++ 代码,同时也方便读者在阅读本书时进行实践操作。

第 3 章

C++ 程序的调试和测试

在程序开发的整个生命周期中,调试工作扮演着不可或缺的角色。对于 C++ 而言,通过在编译后的程序中嵌入调试信息,能够有效地辅助开发者进行错误追踪和性能优化。多数集成开发环境(IDE)提供了强大的调试工具,允许开发者实时跟踪程序的运行流程,并深入观察程序在运行时数据的变化情况。

为了确保软件的质量和稳定性,每个开发模块都需要经过严格的逻辑和功能验证。这通常涉及单元测试,即对每个模块单独地进行测试,以确保其满足设计要求并达到预期的性能标准。在这一过程中通常会借助诸如 Boost Test 和 Google Test 等成熟的单元测试框架来简化测试流程并提高测试效率。

此外,由于 C++ 允许开发者直接管理内存,因此内存管理在 C++ 程序开发中显得尤为重要。为了确保内存使用的正确性和避免内存泄漏等问题,开发者通常需要进行内存检查和调试。在 Linux 环境下,Valgrind 等内存检查工具提供了强大的内存运行检查功能,可以帮助开发者及时发现并修复内存相关的问题。

3.1 C++ 程序的调试

在 C++ 程序的开发过程中调试是一种用于识别和修复程序中的错误的常用技术。下面是一些常见的 C++ 程序调试方法:

使用断言(Assertions)是在程序中插入的条件语句,用于在运行时检查程序的假设是否为真。如果断言的条件为假,则断言失败并触发错误信息。这对于验证程序的预期状态非常有用,以确保代码的正确性。断言发生的时候通常会导致程序运行退出,如果单独一个断言发生后仍然不能明确定位错误发生的位置,下次启动程序则可能无法复现错误。

在关键代码段添加输出语句,以打印变量的值和其他相关信息。这些输出信息可以帮助开发者理解程序的执行流程,识别问题所在。在某些情况下会不能输出或者会产生大量的输出信息,从而导致难以检索和识别。

C++ 编译器通常提供调试器工具,如 GDB(GNU 调试器)和 Microsoft Visual Studio 中的调试器等。调试器允许在代码中设置断点,观察变量的值,以及单步执行代码等。可以使用调试器逐行跟踪程序的执行,以分析程序中的错误。目前,在 IDE 环境中通常继承了调试工具,方便进行代码的分析和运行中的状态分析。

使用静态代码分析(Static Code Analysis)来检测程序中潜在的错误和不良编码实践。这些工具可以扫描代码并识别可能存在的问题,如内存泄漏、未初始化的变量和潜在的越界访问等。开发者在编码之前就应该根据代码的依赖性关系、数据流、控制结构等绘制好 UML 图。如果编码过程中发生改动,则应该及时地更新 UML 图。如果是调试它们的代码,则最好根据代码整理好相关的控制关系、结构关系并绘制 UML,以便在调试中进行分析。

测试驱动开发(Test-Driven Development,TDD)是一种先编写测试用例,然后编写足够的代码以满足测试用例。这种方法可以帮助开发者设计更健壮的代码,并在开发过程中自动验证代码的正确性。

代码审查是通过开发人员或同事交互审查代码。他们可以提供新的视角和检测错误的能力,帮助开发者发现和纠正潜在的问题。

调试是一项关键的技能,通过熟练地运用上述方法,可以更有效地发现和修复 C++ 程序中的错误,从而提高程序的健壮性。

3.2　C++ 单元测试

C++ 的单元测试是一种测试方法,用于验证代码的小部分单元(函数、类、模块等)是否按照预期工作。它是敏捷开发和测试驱动开发中的关键实践。

下面是一般的 C++ 单元测试的流程。

(1) 选择测试框架:首先选择一个适合的 C++ 单元测试框架。流行的选择包括 Google Test(也称为 Gtest)、Catch2 等。这些框架提供了丰富的断言(Assertions)和测试用例管理功能。

(2) 准备测试代码:每个单元测试用例通常被编写为一个独立的函数。这些函数将测试输入的预期值和实际返回值进行比较,并使用断言来验证它们是否相等。

(3) 编写测试用例:针对每个要测试的函数或类,编写多个测试用例,涵盖各种输入组合和边界情况。每个测试用例应对一个特定的行为或功能进行测试。

(4) 运行测试:使用测试框架提供的运行器(Runner)来执行所有的测试用例。测试运行器将依次调用每个测试用例并收集结果。

(5) 分析结果:测试运行器将报告每个测试用例的执行结果,包括通过、失败、跳过等。通过分析结果,可以确定哪些测试用例失败了,以及失败的原因。

(6) 调试和修复:如果测试用例失败,则可使用调试器来进一步查找错误的根本原因。一旦发现问题,就修复代码,并确保修改不会对其他测试用例产生负面影响。

(7) 重复测试:修复问题后,重新运行所有的测试用例,确保修复没有引入新的问题,并且代码在整个生命周期中始终正确。

(8) 自动化:为了提高效率,可以将单元测试过程自动化运行。可以使用构建工具(如

CMake、Makefile)或集成开发环境(如 Visual Studio、CLion)来自动运行测试,以确保每次代码更改后都能进行验证。

C++ 的单元测试可以帮助开发人员发现并修复代码中的错误,提高代码质量,并支持重构和修改代码。它还提供了文档和示例,使其他开发人员更容易理解和使用代码。

3.3　C++ 性能测试

C++ 的性能测试是一种用于衡量代码或系统在执行速度、内存消耗和处理能力等方面的性能的方法。它旨在评估和优化代码的性能,以确保代码在实际运行中能够满足性能需求。

下面是一般的 C++ 性能测试的流程。

(1) 定义性能指标:首先确定性能测试的目标和指标。性能指标可以包括执行时间、内存使用量、CPU 占用率、吞吐量等。

(2) 选择合适的测试工具:C++ 有很多性能测试工具可供选择,如 Google Benchmark、Intel VTune Profiler、Valgrind 等。根据测试需求选择合适的工具。

(3) 编写性能测试代码:编写用于性能测试的代码,通常是一个简单的测试用例,重复执行某个特定操作或函数。确保测试代码与实际使用场景尽可能接近。

(4) 测试环境准备:在合适的环境中进行性能测试。这可能包括准备测试数据、配置硬件设备、优化编译选项等。

(5) 执行性能测试:使用测试工具运行性能测试代码并收集数据。测试工具会通过多次执行测试代码,自动计算平均值、方差和百分位数等统计信息。

(6) 分析结果:根据收集到的数据,对性能进行分析和比较。可以通过各种图表和统计报告来可视化和比较不同配置、算法或代码实现的性能。

(7) 优化和修改:根据分析结果,确定性能瓶颈所在,并相应地进行优化和修改。可以使用更高效的算法、调整数据结构、优化循环等方法。

(8) 重复测试:对优化后的代码重新进行性能能测试,确保性能可以得到显著提升,并验证对其他方面(如正确性、可维护性)的影响。

(9) 自动化:为了便于持续集成和快速迭代,可以将性能测试自动化运行。使用自动化构建工具和脚本,实现性能测试的自动运行,并将结果集成到持续集成流程中。

性能测试是一项重要的工作,它可以帮助开发人员了解代码的性能及特点,并针对性地进行优化。通过有效的性能测试,可以确保代码在真实场景中能够快速、高效地执行,提升用户体验和系统可靠性。

3.4　元代码的调试

由于元代码在编译期进行,其错误通常表现为编译错误而不是运行时错误,因此,调试元编程的代码会比传统的调试更加困难。以下是一些调试C++11元编程的方法建议:

（1）尝试简化代码，只保留最基本的功能，然后逐步添加其他功能。这样可以帮助开发者更容易地识别出导致问题的代码部分。

（2）使用 static_assert 在编译时进行检查断言，帮助验证模板参数或类型特性的正确性。可以使用 static_assert 来检查预期的条件是否满足，如果不满足，编译器则会报错，并显示错误消息。

（3）启用编译器的诊断信息，大多数 C++ 编译器提供了详细的编译诊断信息。首先确保编译器设置并启用了尽可能多的警告和错误信息，这有助于识别元编程中潜在的问题。编译器的错误信息通常会提供问题的详细情况，包括问题出现的模板实例化和类型推导。仔细阅读这些错误信息，并根据它们提供的线索来定位问题。

虽然元代码主要在编译期进行，但有时仍然需要运行时信息来帮助调试。typeid 和 dynamic_cast 可以提供关于运行时类型的信息，但需要注意的是，它们可能会增加运行时开销，并可能不适用于所有类型的模板元编程。

为元编程编写函数和为类型特性编写单元测试，确保它们按预期工作。单元测试可以捕捉编译时错误，并帮助验证代码的正确性。

3.5　本章小结

在 C++ 程序开发中，调试工作和内存管理都非常重要。调试工作主要是为了解决程序中的错误和问题，通常在编译好的程序中增加调试信息来辅助调试。常用的调试工具包括 GDB 和 Visual C++ 调试器，它们提供了断点设置、单步执行、变量查看等功能，帮助开发人员定位和修复 Bug。

另外，内存管理也是 C++ 程序开发中不可忽视的一部分。C++ 中的内存管理需要手动操作，因此对内存的检查和调试非常重要，以确保程序不会出现内存泄漏、悬空指针等问题。在 Linux 系统下，Valgrind 是一个非常方便的内存检查工具，它可以检测程序中的内存错误，并提供详细的报告，帮助开发人员找出潜在的问题。

再次，由于元编程的代码在编译期运行，使代码调试变得非常困难，并且目前并没有较好的工具来辅助调试工作，所以要求开发者有良好的耐性，逐步手工排除 Bug。

最后调试工作和内存安全检查在 C++ 程序开发中都非常重要。合理使用调试工具和进行内存检查，能够提高程序的质量和稳定性，减少错误和问题的出现。

第 4 章

C++11 和现代 C++ 开发

C++11标准发布于 2011 年,是 C++ 编程语言的一次重大革新,是传统 C++ 和现代C++的分界线。在这个版本中引入了一系列引人注目的新特性,如类型推导(利用 auto 关键字)、Lambda 表达式、线程库、列表初始化、智能指针、右值引用和包装器等。它不仅修正了C++03标准中约 600 个缺陷,更在某种程度上重塑了 C++ 的语言面貌,使C++11与早期的C++98、C++03版本相比,更像是一种全新的语言。

C++11在系统开发和库开发方面展现出了显著的优势,其语法更加通用和简洁,稳定性与安全性也得到了显著提升。这些改进不仅极大地增强了 C++ 的功能性,还极大地提高了程序员的开发效率。可以说,C++11为 C++ 编程语言的演化和发展开辟了新的道路。

4.1　C++11 的特性

4.1.1　关键字 mutable

关键字 mutable 并不是在C++11中新引入的关键字,但是很少有 C++ 相关的资料中提及这个关键字。这里特别提出这个关键字进行解释,主要是由于在后续开发中针对多线程开发需要用到。

mutable 用于修饰类的非静态成员变量。它的作用是允许在一个被声明为 const 的成员函数内修改被修饰的成员变量的值。

在默认情况下,const 成员函数不允许修改类的成员变量,然而,有时可能希望在某些特殊情况下仍然能够修改这些变量,此时就可以使用 mutable 关键字声明一个成员变量,使它可以在 const 成员函数内部被修改。

下面是一个示例代码:

```
//第 4 章/mutable.cpp

#include <iostream>
class MyClass
{
public:
    void setValue(int value) const
```

```
    {
        mutableValue = value;           //修改被 mutable 修饰的变量
    }
    int getValue() const
    {
        return mutableValue;
    }
private:
    mutable int mutableValue;           //声明为 mutable 的成员变量
};

int main()
{
    MyClass a;
    a.setValue(10);
    std::cout << a.getValue() << std::endl;
    return 0;
}
```

在上面的例子中，setValue()函数被声明为 const，但是它依然可以修改 mutableValue，而 getValue()函数也被声明为 const，因此在该函数内不允许修改成员变量。

需要注意的是，mutable 破坏了 const 的约束，要谨慎使用 mutable，确保它在合适的场景下使用。例如，在多线程操作时需要对数据进行加锁处理，但同时接口函数需要使用 const 修饰，在这种情况下对线程锁使用 mutable 修饰是非常有用的，代码如下：

```
//第 4 章/mutableThread.cpp

#include <iostream>
#include <thread>
#include <chrono>

class MyClass
{
public:
    void caculate(int value)
    {
        //修改 m_mutex 的状态
        std::unique< std::mutex> lock(m_mutex);
        for(int i = 0; i < value; i ++){
            m_value = i;
        }
    }
    int getValue() const
    {
    //因为 getValue 使用了 const 约束，如果 m_mutex 没有使用 mutable 修饰
    //修改 m_mutex 的状态操作则无法进行
```

```
    std::unique< std::mutex> lock(m_mutex);
    return m_value;
    }
private:
    int m_value;
    mutable std::mutex    m_mutex;          //声明为mutable的成员变量
};

int main()
{
    MyClass a;
    //使用lambda启动一个线程
    std::thread thda([&]{a.caculate(10000);}),
                thdb([&]{a.caculate(20000);});
    thda.detach();
    thdb.detach();
    //等候线程运行结束,这里需要注意,使用这种方法在不同的硬件或者系统中运行情况会
    //不一致
    std::this_thread::sleep_for(std::chrono::seconds(1));

    std::cout << a.getValue() << std::endl;
    return 0;
}
```

在上面的示例中代码使用了 Lambda 表达式的相关语法,这一部分的具体内容将在 4.1.4 节中进行展开讲解。

4.1.2 右值引用

右值引用是一种特殊的引用类型,用于支持移动语义和完美转发。右值引用能够识别临时对象(也就是右值)。具体来讲,如果一个对象在其生命周期的最后一步,则可以安全地将其资源"移动"到另一个对象,而不是像传统的复制构造函数那样执行深复制。由于移动语义没有内存复制操作,所以移动语义可以显著地提高代码性能。

使用 && 声明一个右值引用。例如,int a = 10;int&& rv = std::move(a);,这里 std::move(a)将 a 转换为右值,所以 rv 是 a 的一个右值引用。

std::move 是一个函数,它可以将传递给它的对象转换为右值,这样就可以将其资源移动到另一个对象。在 GCC 13.2.0 中的 STL 关于 std::move 的主要部分如下:

```
template<typename _Tp>
constexpr typename std::remove_reference<_Tp>::type&&
move(_Tp&& __t) noexcept
{
    return static_cast<typename std::remove_reference<_Tp>::type&&>(__t);
}
```

　　实际上使用 static_cast 是进行强制类型转换的操作,而这个操作函数是用 constexpr 修饰的,是一个在编译期就被执行的函数。std::remove_reference<> 元函数用来移除类型的引用符号。

　　移动构造函数和移动赋值这些特殊的成员函数可以将资源从源对象移动到目标对象,而不是像复制构造函数那样深复制资源。移动构造函数通常接受一个右值引用参数,例如 MyType(MyType&& other)。

　　std::forward<>() 模板函数可以将参数以完全传递的形式(完全按照原样,即保持原有类型,可以是左值或右值)转发给其他函数。这个功能在模板编程中特别有用,例如在实现泛型编程中的"完美转发"时。在 GCC 13.2.0 STL 中关于 std::forward<>() 的代码主要如下:

```
template<typename _Tp>
constexpr _Tp&&
forward(typename std::remove_reference<_Tp>::type& __t)
{
    return static_cast<_Tp&&>(__t);
}


template<typename _Tp>
constexpr _Tp&&
forward(typename std::remove_reference<_Tp>::type&& __t)
{
    static_assert(!std::is_lvalue_reference<_Tp>::value,
    "std::forward must not be used to convert an rvalue to an lvalue");
    return static_cast<_Tp&&>(__t);
}
```

　　可以从代码中看出,std::forword<>() 主要由两个函数组成,一个用于右值引用,另一个用于左值引用,内部实际使用了类型强制转换的方式实现。当参数右值引用时使用第 2 个函数,需要在右值引用上增加 &&,通过引用折叠后仍然获得一个右值应用;当数据类型为一个左值引用时调用第 1 个函数,通过引用折叠规则仍然获得一个左值引用。

4.1.3　引用折叠

　　在 C++11 中,引用折叠规则是一种处理复合类型(例如 T& &、T& 等)的规则。简单来讲,当两个或更多引用类型一起使用时,编译器会尝试找到一个可以概括所有引用的最一般的引用类型,这个过程就叫作引用折叠。在实例化模板时自动根据类型进行引用合并。

　　引用折叠的规则如下:

　　(1) 若模板参数是左值引用类型(如 T&),则引用折叠为左值引用。

　　(2) 若模板参数是右值引用类型(如 T&&),则引用折叠为右值引用。

　　(3) 若模板参数是非引用类型(如 T),则无引用折叠。

以下是一些示例,用于说明引用折叠的用法,代码如下:

```
template <typename T>
void foo(T& t);              //左值引用类型,引用折叠为左值引用
template <typename T>
void bar(T&& t);             //右值引用类型,引用折叠为右值引用
template <typename T>
void baz(const T& t);        //左值引用类型,引用折叠为左值引用
```

在使用引用折叠的模板函数时,编译器会根据实参的类型对引用类型进行推断和折叠。下面是一些示例,用于说明引用折叠的行为,代码如下:

```
int main()
{
    int i = 42;
    const int& cref = i;
    foo(i);                 //实参为左值,引用折叠为左值引用
    foo(42);                //实参为右值,隐式转换为左值引用
    foo(cref);              //实参为左值,引用折叠为左值引用
    bar(i);                 //实参为左值,引用折叠为左值引用
    bar(42);                //实参为右值,引用折叠为右值引用
    bar(std::move(i));      //实参为右值,引用折叠为右值引用
    baz(i);                 //实参为左值,引用折叠为左值引用
    baz(42);                //实参为右值,隐式转换为左值引用
    baz(cref);              //实参为左值,引用折叠为左值引用
    return 0;
}
```

引用折叠使在模板中使用引用作为参数类型更加灵活,可以统一处理左值引用和右值引用的情况。然而,需要注意的是,在模板特例化中,引用折叠的规则可能会因为特例化的类型而产生不同的结果,这可能会使代码的行为变得复杂,需要谨慎使用。

4.1.4 万能引用

C++11引入了"万能引用"的概念,万能引用也称为转发引用或通用引用,其语法形式为"T&&"。这种引用类型可以绑定到左值或右值上,具体取决于 T 的推导类型。当 T 为左值类型时,T&& 就成为左值引用;当 T 为右值类型时,T&& 就成为右值引用,因此,万能引用也被称为"双向引用"。

万能引用的主要作用是用于完美转发(Perfect Forwarding),即将参数以原来的形式(左值或右值)转发给其他函数。这在特性模板编程中特别有用,因为模板函数通常需要将参数原封不动地转发给其他函数,以保证参数的类型和值类别不发生改变。

万能引用的实现原理依赖于C++11的类型推导和引用折叠规则。在类型推导时,如果初始化表达式是左值,则 T 被推导为左值类型;如果初始化表达式是右值,则 T 被推导为右值类型。在引用折叠规则中,当两个引用叠加在一起时,如果两个引用都是左值引用或都是

右值引用,则结果为左值引用;如果一个是左值引用,另一个是右值引用,则结果为右值引用。

万能引用的语法形式为"T&&",其中 T 是一个模板类型参数。当使用万能引用作为函数模板参数时,可以使用 std::forward<>()模板函数将参数以原来的形式转发给其他函数,示例代码如下:

```
template< typename T>
void wrapper(T&& arg)
{
    //使用 std::forward<T>将 arg 以原来的形式转发给其他函数
    otherFunction(std::forward<T>(arg));
}
```

在这个例子中,wrapper 函数接受一个万能引用参数 arg,并使用 std::forward<>()将 arg 以原来的形式转发给其他函数。这样可以保证 arg 的类型和值类别不会被改变。

需要注意的是,万能引用和右值引用的形式非常类似。万能引用需要在模板函数中进行引用,如果"&&"不在模板函数中,则是右值引用。例如,在下面的代码中 func_a()函数是右值引用,而 func_b()函数是万能引用:

```
template< typename PARAM > class abc
{
    void func_a(PARAM&& a){  }          //是右值引用

    template< typename ARG >
    void func_b(ARG&& b){ }             //是万能引用
};
```

C++11的万能引用提供了一种灵活的方式来处理函数参数的类型和值类别,使模板编程更加简洁和高效。同时,万能引用也是C++11中引入的完美转发机制的基础之一,在此后的设计模式模块设计中大量地使用了完美转发机制。

4.1.5　Lambda 表达式

C++11中的 Lambda 表达式是一种用于创建匿名函数对象(也称为闭包)的简洁的语法。这种表达式允许程序员在代码中定义并使用小段的代码,而这些代码可以像函数一样被调用,同时也可以访问并操作其外部作用域的变量。

Lambda 表达式的基本语法如下:

```
[capture_list](parameter_list) body->return_type
```

其中,capture_list 定义了 Lambda 表达式可以访问和修改的外部变量的范围。这个列表可以包括 this,它使 Lambda 表达式可以访问类的成员。如果列表为空,则只有 this 和 extern 变量可以访问。捕获列表有值捕获、引用捕获、混合捕获和默认捕获。

通过值捕获使用"="来捕获所有外部变量,并通过值的方式传递给 Lambda 函数体。在函数体内,这些变量是常量,不能被修改,示例代码如下:

```
auto lambda = [=]() {
    //在这里,所有外部变量都可以通过值访问,但不能修改
};
```

通过引用捕获使用 & 来捕获所有外部变量,并通过引用的方式传递给 Lambda 函数体。在函数体内,这些变量可以像普通变量一样被修改,示例代码如下:

```
auto lambda = [&]() {
    //在这里,所有外部变量都可以通过引用进行访问和修改
};
```

混合捕获同时使用＝和 & 来捕获不同的变量,或者使用明确的变量名来指定哪些变量被捕获,示例代码如下:

```
int x = 10;
int& ref = x;
const int& cref = x;
auto lambda = [x, &ref, cref]() {
    //在这里,x 通过值捕获,ref 和 cref 通过引用捕获
    //x 是只读的,而 ref 和 cref 可以修改
};
```

默认捕获使用空的捕获列表来捕获所有外部变量,这实际上是＝和 & 的混合体。对于非静态成员变量,它使用引用捕获;对于其他所有变量使用值捕获,示例代码如下:

```
auto lambda = []() {
    //在类的成员函数中使用,捕获当前对象的所有成员变量
    //非静态成员变量通过引用来捕获,其他变量通过值来捕获
};
```

parameter_list 定义了 Lambda 表达式的参数。它们可以在 Lambda 表达式的主体内部使用。

body 是 Lambda 表达式的主体。它是一段代码,可以包括函数调用、循环、条件语句、返回语句等。

return_type 表示 Lambda 表达式的返回值类型,这一部分是可以缺省的。当缺省了返回值类型时,编译器会根据最后的 return 语句自动地推导出返回值类型,代码如下:

```
//第 4 章/lambda.cpp

auto add = [](int a, int b) { return a + b; };
int main()
{
    int result = add(3, 5);
    std::cout << result << std::endl; //Output: 8
    return 0;
}
```

在这个例子中定义了一个 Lambda 表达式[](int a,int b){return a+b;},并将其赋值给一个变量 add,然后可以在 main 函数中像调用普通函数一样调用这个 Lambda 表达式。

4.1.6　新的 for 语句

在 C++11 中引入了一种新的 for 循环语法,称为范围 for 循环(Range-Based for Loop)。这种新的 for 循环语法使在遍历容器或数组时可以更简洁、更直观。

范围 for 循环的基本语法如下:

```
for (auto element : container) {
    //对元素执行操作
}
```

其中,container 是要遍历的容器或数组,element 是在遍历过程中的当前元素。在循环体内部,可以对 element 进行各种操作,例如打印元素的值、对元素进行计算等。元素的类型既可以选择 auto,也可以选择时机的具体类型来定义。

范围 for 循环会自动根据容器或数组的类型推断出 element 的类型,不需要显式地声明类型。此外,它还支持容器的起始和结束迭代器并会自动进行迭代器的遍历和判断,避免了传统 for 循环中手动编写迭代器进行判断的麻烦。

下面是一个使用范围 for 循环遍历 vector 的示例,代码如下:

```cpp
//第 4 章/forRange.cpp
#include <iostream>
#include <vector>

int main()
{
    std::vector<int> nums = {1, 2, 3, 4, 5};
    //使用范围 for 循环遍历 vector
    for (auto num : nums) {
        std::cout << num << " ";
    }
    std::cout << std::endl;
    return 0;
}
```

上述代码的输出结果如下:

```
1 2 3 4 5
```

使用范围 for 循环遍历数组也是类似的操作,只需将容器替换为数组。需要注意的是,范围 for 循环只适用于容器和数组等可迭代对象,对于不可迭代的对象,如函数、宏等,不能使用范围 for 循环。范围 for 循环和传统的 for 循环语法相比,范围 for 循环更加简单,但是灵活性明显降低。

4.1.7 constexpr 关键字

关键字 constexpr 用于在编译期间计算表达式的函数或变量。constexpr 函数可以在编译期间求解结果,使一些运行时计算可以在编译期间完成,从而降低运行时的计算负载。

下面是一个使用 constexpr 的示例,代码如下:

```cpp
//第 4 章/constexpr.cpp

constexpr int factorial(int n) { return (n <= 1) ? 1 : n * factorial(n - 1); }

int main()
{
    constexpr int result = factorial(5);
    static_assert(result == 120, "计算错误");
    return 0;
}
```

在上述示例中,factorial()函数被声明为 constexpr,这表示它是一个在编译期间计算结果的函数。通过递归调用自身,它求解了给定数的阶乘。在 main 函数中,通过 constexpr 关键字将 factorial(5)的结果赋值给 result 变量,这意味着编译器在编译时会计算 factorial(5)的结果并将其存储在 result 中。

此外,constexpr 还可以用于声明常量变量,例如下面的示例代码:

```cpp
constexpr int max_value = 100;
```

在上述示例中,max_value 被声明为编译期常量,并且在编译时就会计算其值,此处其值为 100。

使用 constexpr 可以在编译期间进行一些常量计算,这有助于提高程序的性能和灵活性,然而,constexpr 函数也有一些限制,例如函数体中只能包含一些简单的操作,不能包含循环、动态内存分配等。在 C++14 和 C++17 中,constexpr 函数的限制有所放宽,使更多复杂的操作可以在编译期间进行。

4.1.8 类型推导

C++11 引入了类型推导(Type Deduction)机制,新增了与之相关的两个关键字,即 auto 和 decltype。这使程序员能够编写更简洁、更易读的代码,无须显式地指定变量或函数的类型。

类型推导主要有以下 3 种类型推导方式。

(1) auto 关键字允许变量的类型从其初始化表达式中推导出来,代码如下:

```cpp
auto x = 5;          //x 的类型被推导为 int
auto y = 3.14;       //y 的类型被推导为 double
```

在上面的示例中,变量 x 的类型被推导为 int,变量 y 的类型被推导为 double。

（2）decltype 关键字可以从一个表达式中推导出其类型,代码如下：

```
int x = 5;
decltype(x) y = x;          //y 的类型被推导为 int
```

在上面的示例中,变量 y 的类型从表达式 x 中被推导出来,因此它的类型是 int。

（3）函数返回类型推导。C++11中引入了更灵活的函数返回类型推导。在参数表之后函数体之前使用->decltype(expression)来指定函数的返回类型,其中表达式 expression 会被用于推导返回类型,代码如下：

```
auto add(int x, int y) -> decltype(x + y)
{
    return x + y;
}
```

在上面的示例中,函数 add 的返回类型使用 decltype 推导,表达式 x＋y 用于推导返回类型,因此,如果 x 和 y 都是 int 类型,则函数 add 将返回 int 类型。

类型推导使代码更加灵活、易读和易于维护。它提供了更好的代码组织和减少冗余的能力,并且在一些复杂的情况下可以减少手动类型注释的工作量。

4.1.9　可变模板参数

在C++11之前,模板函数或类只能是固定数量的参数。这个约束在C++11中被放宽,这个新的特性显著地提高了模板参数的灵活性。C++11引入了可变模板参数（Variadic Template Parameters）的特性,允许定义可以接受任意参数数量的参数的模板。

可变模板参数使用省略号（...）来表示,它可以在模板参数列表的最后一个参数位置使用。这里需要注意,可变参是在最后一个模板参数中使用,这一点非常重要,代码如下：

```
//第 4 章/vtparam.hpp

template<typename... Args>                 //正确
void printArgs(Args... args)
{
    std::cout << "Number of arguments: " << sizeof...(args) << std::endl;
}

template<typename... Args, typename T>     //错误
void printArgs(const T& arg1, Args... args)
{
    std::cout <<arg1 <<"Number of arguments: " << sizeof...(args) << std::endl;
}

template<typename T, typename... Args>     //正确
void printArgs(const T& arg1, Args... args)
{
    std::cout <<arg1 <<"Number of arguments: " << sizeof...(args) << std::endl;
}
```

在上面的示例中,Args 是一个模板参数包(Template Parameter Pack),它可以接受任意数量的类型参数。args 是一个函数参数包(Function Parameter Pack),它接受与 Args 对应的参数。

利用可变模板参数可以对参数包执行很多操作,例如扩展参数包的参数列表、递归地处理每个参数等,代码如下:

```cpp
//第 4 章/varTmptDepack.hpp

template<typename T, typename... Ts>
void printArgs(T head, Ts... rest)
{
    std::cout << "Current argument: " << head << std::endl;
    printArgs(rest...);          //递归处理剩下的参数
}
//终止递归的函数模板定义,也是编译期模板展开的结束条件
void printArgs() {}
```

在上面的示例中使用递归的方式来处理参数包 Ts... rest,在每次递归的过程中打印出当前参数的值,并将剩余参数包传递给另一个递归调用。当参数包被处理完时,调用终止递归地定义函数模板。

通过可变模板参数可以实现类型安全的可变数量的参数处理,使代码更加灵活、可扩展和易于维护。

4.1.10　字符串的字面量

C++11引入了一种新的语法,允许开发人员使用字面量来创建字符串对象。这种新的字符串字面量提供了更直观、更简洁的方式来创建字符串,而无须使用传统的字符串构造函数或操作符。

C++11字符串的字面量有以下几种形式。

(1) 常规字符串字面量(Raw String Literal):使用双引号括起来的字符序列,可以包含转义字符,例如"Hello,World!"。

(2) 宽字符字符串字面量(Wide String Literal):以 L 开头的常规字符串字面量,用于表示宽字符序列,例如 L"Hello,World!"。

(3) UTF-8 字符串字面量(UTF-8 String Literal):以 u8 开头的常规字符串字面量,用于表示 UTF-8 编码的字符串,例如 u8"Hello,World!"。

(4) 宽字符编码字符串字面量(UTF-16 String Literal):以 u 开头的常规字符串字面量,用于表示 UTF-16 编码的字符串,例如 u"Hello,World!"。

(5) 宽字符编码字符串字面量(UTF-32 String Literal):以 U 开头的常规字符串字面量,用于表示 UTF-32 编码的字符串,例如 U"Hello,World!"。

这些新的字符串字面量在语法上与常规字符串字面量非常相似,但在编码方式和字符类型上有所不同。开发人员可以根据需要选择合适的字符串字面量来表示不同类型和编码

的字符串数据。

4.1.11　移动语义

移动语义是通过引入右值引用（Right-Value References）和移动构造函数（Move Constructor）及移动赋值运算符（Move Assignment Operator）实现了对临时对象的高效移动和资源管理，通过移动语义可以避开对右值数据的复制操作，有效地减少在内存复制上的算力消耗。

在 C++ 中，通常通过复制构造函数（Copy Constructor）和赋值运算符（Assignment Operator）进行对象的复制和赋值操作，然而，在某些情况下，对象的复制操作可能会引发资源浪费和性能降低的问题。例如，当一个临时对象（右值）在进行赋值操作后被销毁时，因为复制操作实际上是不必要的，所以会浪费时间和内存。

为了解决这个问题，C++11引入了移动语义。右值引用是一种新类型的引用，使用双引号 && 表示，表示只能绑定到右值。移动构造函数和移动赋值运算符则支持通过移动而非复制获取右值的资源。

当使用移动语义时，可以将右值的资源所有权从一个对象转移到另一个对象，而不是进行复制操作。移动构造函数接受右值引用参数，并将资源从传入的右值对象"移动"到新创建的对象中。类似地，移动赋值运算符会执行类似的操作。

使用移动语义可以显著地优化代码的性能，尤其是在对临时对象进行操作时。例如，在 STL 中，容器的插入操作可能涉及大量复制，而移动语义可以避免不必要的复制操作。

需要注意的是，移动语义并不是自动应用的，需要开发者显式地定义和使用移动构造函数和移动赋值运算符。同时，移动操作会修改被移动对象的状态，因此需要确保移动后的对象处于一个可用的状态。

4.1.12　static_assert

static_assert 是一种编译时断言（Compile-Time Assertion）机制，它能够在编译阶段检查特定表达式的真假值。如果表达式的结果为假，则 static_assert 将会引发一个编译错误，从而防止程序在运行时遇到潜在的问题。这种机制有助于在开发阶段尽早地发现和修复代码中的错误。static_assert 的语法结构如下：

```
static_assert(expr, "message");
```

其中，expr 是待检查的常量表达式。当 expr 的值为 true 时，static_assert 不会产生任何影响，程序将正常编译。如果 expr 的值为 false，则会导致编译错误，并输出指定的错误信息。以下是一些示例，用于说明 static_assert 的用法，代码如下：

```
static_assert(sizeof(int) == 4, "int must be 4 bytes");
static_assert(sizeof(double) == 8, "double must be 8 bytes");
static_assert(sizeof(char) != 2, "char must not be 2 bytes");
```

在编译时,如果上述的 static_assert 断言失败(表达式的值为 false),则编译器将会输出指定的错误信息,并停止编译过程。

引入 static_assert 使在编译时进行一些基本的检查变得更加方便和简单,可以辅助程序员在编译阶段发现一些潜在的问题或错误,提高代码的可靠性和健壮性。

4.2　本书中用到的 STL 类型

标准模板库(Standard Template Library,STL)是 C++ 标准库的一部分,各个模块主要通过元编程实现,提供了一组通用的数据结构、算法,以及一些辅助函数,使开发者可以更高效地编写各种类型的程序。STL 主要由容器、算法和迭代器 3 个组件构成。

(1) 容器(Containers),如向量(vector)、链表(list)、集合(set)、映射(map)等。这些容器可以用于存储和操作不同类型的数据,并提供了一系列的成员函数和操作符来方便地插入、删除和访问元素。

(2) 提供了大量的算法,如排序、查找、变换、合并等。这些算法可以用于各种容器,通过迭代器访问容器中的元素,以完成各种常见的操作。这些算法都以函数模板的形式提供,可以适用于不同类型的数据。

(3) 迭代器是 STL 中的另一个重要组件,用于遍历和访问容器中的元素。STL 中提供了多种类型的迭代器,如前向迭代器、双向迭代器、随机访问迭代器等。迭代器使容器和算法能够有效地进行交互和通信,使算法能够适应不同类型的容器。在本书的迭代器模式一节中也是通过继承 STL 的相关模块实现的。

在 C++11 中对 STL 进行了一些重要的改进和扩展,主要包括以下几方面的变化:

(1) 新引入了两个新的容器,即无序集合(Unordered Set)和无序映射(Unordered Map)。它们基于哈希表实现,提供了快速的查找和插入操作,在某些场景下比传统集合(Set)和映射(Map)更高效。

(2) 引入了 shared_ptr、unique_ptr 和 weak_ptr 这 3 种智能指针,用于自动管理动态分配的内存资源。shared_ptr 具有共享所有权,可以在多个智能指针之间共享资源;unique_ptr 则只具有独占所有权,不允许共享资源。这些智能指针能够避免内存泄漏和重复删除等问题,提高了代码的安全性和可靠性。

(3) 增加了线程编程的能力,在 C++11 之前线程开发都需要调用系统提供的 API 来完成。这引入了代码对平台的依赖,降低了代码跨平台性能。C++11 中引入了 thread、mutex、conditional_variable 等模块以方便线程程序开发。

4.2.1　智能指针

C++11 引入了 3 种智能指针,它们是 std::shared_ptr、std::unique_ptr 和 std::weak_ptr。这些智能指针提供了更安全和方便的内存管理方式,主要用于管理动态分配的对象,主要通过利用对象的析构操作来自动释放内存,以此来提高内存的安全性。

这些智能指针提供了比传统指针更安全和更方便的内存管理方式。它们采用了 RAII（Resource Acquisition Is Initialization，资源获取就是初始化）原则，可以在对象超出作用域时自动释放资源，不再需要手动进行内存的分配和释放操作，从而减少内存泄漏和悬空指针的风险。此外，它们还提供了更多功能，如自定义删除器、自定义析构函数等，以更好地满足不同的需求。

1. std::shared_ptr

std::shared_ptr 是C++11中的智能指针，用于管理动态分配的对象资源，以自动进行资源释放。它是一个引用计数智能指针，可以让多个 shared_ptr 对象共享同一个资源，在最后一个 shared_ptr 被销毁时释放资源。

引用计数是一个用于追踪有多少个 std::shared_ptr 共享同一个对象的整数值。它用于确定何时销毁动态分配的对象。

每次创建一个新的 std::shared_ptr 指向同一个对象时，引用计数会递增。当 std::shared_ptr 被销毁时，引用计数会递减。只有当引用计数变为 0 时，std::shared_ptr 才会删除动态分配的对象并释放其占用的内存。

引用计数的基本原理是，每个 std::shared_ptr 对象都有一个指向一个控制块的指针。控制块是一个结构体，包含了引用计数和指向动态分配对象的指针。在每次创建或销毁 std::shared_ptr 对象时，引用计数会相应地进行递增或递减。

当引用计数减少到 0 时，std::shared_ptr 会调用其析构函数来销毁动态分配的对象，并释放控制块的内存。这确保了动态分配对象的生存期与所有引用它的 std::shared_ptr 对象的生存期一致。

引用计数的使用使多个 std::shared_ptr 对象可以共享同一对象的所有权，而不会造成资源的重复释放或悬空指针的情况。它提供了一种方便和安全的资源管理方式，能够自动进行内存释放。

需要注意的是，在使用 std::shared_ptr 进行循环引用时，可能会出现资源泄漏的问题。为了避免循环引用造成的资源无法释放的情况，需要使用 std::weak_ptr 来打破循环引用。

使用 std::shared_ptr 需要包含头文件<memory>。下面是一个使用 shared_ptr 的示例，代码如下：

```cpp
//第 4 章/sharedPtr.cpp

#include <memory>
#include <iostream>

class MyClass
{
public:
    MyClass()
    {
        std::cout << "MyClass Constructor" << std::endl;
```

```
    }
    ~MyClass()
    {
        std::cout << "MyClass Destructor" << std::endl;
    }
    void doSomething()
    {
        std::cout << "Doing something..." << std::endl;
    }
};
int main()
{
    std::shared_ptr<MyClass> ptr1(new MyClass());        //创建一个新的 MyClass 对象
    //复制 ptr1,使 ptr2 和 ptr1 共享同一资源
    std::shared_ptr<MyClass> ptr2 = ptr1;
    ptr1->doSomething();            //可以通过 ptr1 访问资源的成员函数
    ptr2->doSomething();            //ptr1 和 ptr2 都指向同一资源
    return 0;
} //离开作用域时,ptr1 和 ptr2 都被销毁,资源自动释放
```

在上述示例中,通过 std::shared_ptr 来管理 MyClass 对象的资源。在创建 shared_ptr 时,可以通过传入指向动态分配的对象的裸指针来初始化 shared_ptr。在使用 shared_ptr 时,可以像使用裸指针一样访问对象的成员函数和数据成员。

在示例中,ptr1 和 ptr2 共享同一个 MyClass 对象。当 ptr1 和 ptr2 超出作用域时,它们都被销毁,MyClass 对象的析构函数会被调用,从而释放资源。

使用 std::shared_ptr 可以避免手动管理动态分配资源的麻烦,实现了自动化的资源管理,避免了内存泄漏和悬空指针的问题。

C++ 提供了一个工厂函数模板 std::make_shared(),可以很方便地创建 std::shared_ptr 指针并将它初始化为指向动态分配的对象。它可以简化创建 shared_ptr 的过程,并提供了更高的性能和安全性。

与直接使用 new 操作符创建 shared_ptr 对象相比,使用 std::make_shared() 能够有效地简化语法,可以减少代码的复杂性,并提高代码的可读性;提高程序性能,std::make_shared 可以在一个内存块中同时分配对象和指向对象的控制块,减少了内存分配和管理的开销;提供了更强的异常安全性,在使用 new 创建 shared_ptr 时,如果在分配对象和分配控制块之间发生异常,则可能会造成资源泄漏,而 std::make_shared 会在一个原子操作中完成内存分配,并保证如果分配失败,则不会创建对象,避免了资源泄漏。

下面是一个使用 std::make_shared 的示例,代码如下:

```
//第 4 章/makeShared.cpp

#include <memory>
#include <iostream>
```

```
class MyClass
{
public:
    MyClass(int value) : m_value(value)
    {
        std::cout << "MyClass Constructor, value: " << m_value << std::endl;
    }
    ~MyClass()
    {
        std::cout << "MyClass Destructor, value: " << m_value << std::endl;
    }
    void doSomething()
    {
    std::cout << "Doing something with value: " << m_value << std::endl;
    }
private:
    int m_value;
};

int main()
{
    //使用 std::make_shared<>()构造对象
    std::shared_ptr<MyClass> ptr = std::make_shared<MyClass>(42);
    ptr->doSomething();
    return 0;
} //当离开作用域时,ptr 被销毁,MyClass 对象的析构函数会被调用,从而释放资源
```

在示例中,使用 std::make_shared 创建了一个指向 MyClass 对象的 std::shared_ptr 指针 ptr,同时将 MyClass 对象的值初始化为 42。当 ptr 超出作用域时,ptr 被销毁, MyClass 对象的析构函数会被调用,从而释放资源。

2. std::weak_ptr

在 C++ 的 std::shared_ptr 出现之前,如果有两个指针指向同一个对象,当一个指针被销毁时,对象也会被销毁,但还有另一个指针指向这个对象,如果再次销毁对象就会出现错误。std::shared_ptr 通过引用计数解决了这个问题,但这也带来了新的问题。当一个 std::shared_ptr 被销毁时,如果它是指向一个被另一个 std::shared_ptr 所拥有的对象,则这个对象的引用计数就会减一,由于此计数变为 0,所以这个对象会被销毁。这就是所谓的"悬垂指针"(Dangling Pointer)。

另外,如果有两个对象互相引用对方,并且都使用 std::shared_ptr 来管理,则这两个对象的引用计数永远都不会为 0,即使它们实际上已经不再被使用。这是因为每次一个对象被销毁时,它都会减少另一个对象的引用计数,这将导致另一个对象的引用计数永远不会为 0。先来看一个错误使用 shared_ptr 的示例,代码如下:

```cpp
//第 4 章/wrongSharedptr.cpp

#include <iostream>
#include <memory>
class B;
class A
{
private:
    std::shared_ptr<B> b_ptr;
public:
    void setB(const std::shared_ptr<B>& b)
    {
        b_ptr = b;
    }
    void doSomething()
    {
        std::cout << "Doing something in A" << std::endl;
    }
};
class B
{
private:
    std::shared_ptr<A> a_ptr;
public:
    void setA(const std::shared_ptr<A>& a)
    {
        a_ptr = a;
    }
    void doSomething()
    {
        std::cout << "Doing something in B" << std::endl;
    }
};
int main()
{
    std::shared_ptr<A> a = std::make_shared<A>();
    std::shared_ptr<B> b = std::make_shared<B>();
    //交叉引用,释放后会造成指针的错误释放
    a->setB(b);
    b->setA(a);
    a->doSomething();
    b->doSomething();
    return 0;
}
```

在这个示例中,类 A 和类 B 相互引用,并且使用 std::shared_ptr 来管理资源。创建了两个 std::shared_ptr 对象 a 和 b,并将它们分别传递给类 A 和类 B 的成员函数 setB 和 setA。这样,a 和 b 之间就形成了循环引用。在 main 函数中,分别调用 a 和 b 的成员函数 doSomething,输出相应的结果,然而,当 a 和 b 的引用计数都降为 0 时,它们无法被正确地释放,从而导致内存泄漏。为了解决这个问题,需要使用 std::weak_ptr 来打破循环引用。

std::weak_ptr 用于共享对象,但不会增加引用计数,因此,它不会影响对象的生命周期。std::weak_ptr 指向的对象由 std::shared_ptr 管理。当最后一个 std::shared_ptr 对象被销毁时,如果没有其他 std::weak_ptr 对象指向该对象,则该对象会被销毁,否则该对象将继续存在。

std::weak_ptr 不支持对所指对象进行直接访问,需要通过 lock() 函数获取一个 std::shared_ptr 对象访问所指对象。lock() 函数会检查所指对象是否存在,如果存在,则返回一个指向该对象的 std::shared_ptr,否则返回一个空的 std::shared_ptr。

使用 std::weak_ptr 的一个常见场景是解决循环引用问题。当两个或多个对象相互引用且其中至少一个对象使用 std::shared_ptr 来管理资源时,可能会出现循环引用。这会导致资源无法释放,从而造成内存泄漏。

将其中一个对象的句柄使用 std::weak_ptr 而不是 std::shared_ptr,在销毁其中的一个对象时,它的 std::shared_ptr 计数将减少,但不会阻止对象的销毁。这样可以打破循环引用,从而释放资源。

需要注意的是,由于 std::weak_ptr 不会增加引用计数,所以在使用 lock() 函数获取 std::shared_ptr 时,一定要对返回的指针进行有效性检查以确保所指对象仍然存在。以下是一个简单的示例,代码如下:

```cpp
//第 4 章/weakptr.cpp

#include <iostream>
#include <memory>
class B;                              //前置声明类 B,避免编译错误
class A
{
private:
    std::weak_ptr<B> b_ptr;
public:
    void setB(const std::shared_ptr<B>& b)
    {
        b_ptr = b;
    }
    void doSomething()
    {
        std::shared_ptr<B> b = b_ptr.lock();  //获取可以访问 B 对象的 shared_ptr
        if (b) {
            std::cout << "Doing something in A" << std::endl;
```

```
            b->doSomething();
        } else {
            std::cout << "B does not exist anymore" << std::endl;
        }
    }
};

class B
{
private:
    std::weak_ptr<A> a_ptr;
public:
    void setA(const std::shared_ptr<A>& a)
    {
        a_ptr = a;
    }
    void doSomething()
    {
        std::shared_ptr<A> a = a_ptr.lock();  //获取可以访问 A 对象的 shared_ptr
        if (a) {
            std::cout << "Doing something in B" << std::endl;
            a_ptr->doSomething();
        } else {
            std::cout << "A does not exist anymore" << std::endl;
        }
    }
};

int main()
{
    std::shared_ptr<A> a = std::make_shared<A>();
    std::shared_ptr<B> b = std::make_shared<B>();
    a->setB(b);
    b->setA(a);
    a->doSomething();  //输出 "Doing something in A" 和 "Doing something in B"
    a = nullptr;       //销毁 A 对象
    b->doSomething();  //输出 "A does not exist anymore"
    b = nullptr;       //销毁 B 对象
    return 0;
}
```

在这个示例中,类 A 和类 B 相互引用,并且使用 std::shared_ptr 来管理资源。通过在类 A 和类 B 中使用 std::weak_ptr 来引用对方,可以打破循环引用。当其中的一个对象被销毁时,另一个对象可以安全地访问 std::weak_ptr,以此来判断对方是否还存在,并进行相应操作。上述示例在 main 函数中演示了这个过程,并输出了相应的结果。

3. std::unique_ptr

与 std::shared_ptr 不同,std::unique_ptr 不能被复制或共享,它通过独占资源的所有权来确保资源可以正确地被释放。std::unique_ptr 是独占性的,只能有一个 std::unique_ptr 指向同一资源。当 std::unique_ptr 被销毁或转移所有权时,它会自动释放所拥有的资源。因为 std::unique_ptr 不需要维护引用计数,相比于 std::shared_ptr 更轻量。std::unique_ptr 支持移动语义,可以通过 std::move() 将所有权从一个 std::unique_ptr 转移到另一个 std::unique_ptr,而不会对资源进行复制。

下面是 std::unique_ptr 的一个简单示例,代码如下:

```cpp
//第 4 章/uniqueptr.cpp

#include <iostream>
#include <memory>

class Resource
{
public:
    Resource()
    {
        std::cout << "Resource acquired" << std::endl;
    }
    ~Resource()
    {
        std::cout << "Resource released" << std::endl;
    }
    void doSomething()
    {
        std::cout << "Doing something with the resource" << std::endl;
    }
};

int main()
{
    std::unique_ptr<Resource> ptr(new Resource());
    if (ptr) {
        ptr->doSomething();               //输出 "Doing something with the resource"
    }
    //使用 std::move 将所有权转移给另一个 std::unique_ptr
    std::unique_ptr<Resource> newPtr = std::move(ptr);
    if (newPtr) {
        newPtr->doSomething();            //输出 "Doing something with the resource"
    }
    return 0;
}
```

在这个示例中,首先创建了一个 std::unique_ptr 对象 ptr,并使用 new 关键字分配了一个资源,然后输出 "Resource acquired"。接着,通过箭头操作符-> 调用资源的成员函数

doSomething(),输出"Doing something with the resource"。

4.2.2　线程和线程同步

在C++11之前,如果要进行多线程开发,则需要调用系统或者第三方提供的API,例如在 Linux 系统下需要调用 pthread 的一组 API,在 Windows 系统下则需要调用CreateThread()的一组 API。这种操作导致代码需要在不同的操作系统上各个独立写一遍,造成代码量增加,从而使模块的通用性降低。

从C++11开始引入了对多线程编程的支持,包括头文件和相关的类和函数,使在 C++中使用多线程变得更加简便和安全。C++11 中的多线程支持是由多个模块提供的,C++11多线程的一些主要模块如下。

(1) 线程类:引入了 std::thread 类,可以用于创建和管理线程。通过 std::thread 类可以创建新的线程,并指定线程要执行的函数或函数对象,还可以将参数传递给线程函数。std::thread 类提供了一些控制线程的方法,例如 join()方法可以等待一个线程执行完成,detach()方法可以将一个线程分离,使线程的执行与主线程独立。

(2) 异步类:引入了 std::future 和 std::async 两个异步处理类。提供了简单的接口用来处理异步任务和异步任务的返回值。

(3) 并发原语:提供了一些原子操作和锁机制,以便实现线程之间的同步和互斥,其中std::atomic 类型用于原子操作,std::mutex、std::lock_guard 等类可以用于实现互斥锁。

(4) 条件变量:引入了 std::condition_variable 类,以便实现多线程之间的通信和同步。条件变量可以结合互斥锁一起使用,实现线程的等待和唤醒。

(5) 并行算法:引入了一些支持并行执行的算法,例如 std::for_each、std::transform等。这些算法可以将一个任务并行化执行,从而提高程序的性能。

使用多线程可以更加有效地利用硬件的计算资源,在很多情况下多线程开发是不可或缺的,在一些情况下不使用多线程则无法满足实际的需要,但是多线程编程开发的难度和单线程开发相比会明显增加。例如需要注意线程的同步和互斥,以避免出现竞态条件和数据访问冲突等问题。在C++11中提供了一组工具和机制,从而能够简化多线程编程,并使多线程程序更加易于理解和维护。尽管如此,在实际开发中仍然需要特别小心地处理好多线程数据的竞争关系,以避免数据竞争造成的计算错误和死锁。

(1) std::thread。std::thread 是C++11提供的多线程库中的一个类,用于创建和管理线程。下面是一个示例,展示了如何使用 std::thread 创建两个线程并执行并行任务,代码如下:

```
//第 4 章/thread.cpp

#include <iostream>
#include <thread>
//线程函数 1
```

```
void threadFunc1()
{
    std::cout << "Thread 1 running" << std::endl;
    //执行一些任务...
}
//线程函数 2
void threadFunc2(int numIterations)
{
    std::cout << "Thread 2 running" << std::endl;
    for (int i = 0; i < numIterations; ++i) {
        //执行一些任务...
    }
}
int main()
{
    //创建线程 1,并执行 threadFunc1 函数
    std::thread t1(threadFunc1);
    //创建线程 2,并执行 threadFunc2 函数,传递参数 10 作为 numIterations
    std::thread t2(threadFunc2, 10);
    //等待线程 1 和线程 2 执行完成
    t1.join();
    t2.join();
    std::cout << "Main thread exiting" << std::endl;
    return 0;
}
```

在上面的示例中首先定义了两个线程函数 threadFunc1()和 threadFunc2(),它们分别用于线程 1 和线程 2 的执行逻辑,然后在 main()函数中使用 std::thread 类创建了两个线程 t1 和 t2,分别指定了要执行的函数和需要传递的参数。最后,通过调用 join()方法,主线程会等待线程 1 和线程 2 执行完成后再退出。运行上述程序,输出的结果如下:

```
Thread 1 running
Thread 2 running
Main thread exiting
```

这表示线程 1 和线程 2 被创建并执行了对应的线程函数,并且主线程等待它们完成后才退出。

(2) std::future 和 std::async。std::future 是 C++11 提供的一个类模板,用于访问异步任务的结果或异常。它可以用于获取异步任务的返回值,或者通过 wait()方法等待其完成。

下面示例展示了如何使用 std::future 获取异步任务的返回值,代码如下:

```
#include <iostream>
#include <future>              //异步任务函数
int asyncFunc()
```

```
{
    //执行一些耗时的任务...
    return 42;
}
int main()
{
    //创建一个异步任务并执行 asyncFunc 函数
    std::future<int> fut = std::async(std::launch::async, asyncFunc);
    //执行其他的操作...
    //等待异步任务执行完成,并获取结果
    fut.wait();
    int result = fut.get();
    std::cout << "Async task completed with result: " << result << std::endl;
    . return 0;
}
```

在上面的示例中首先定义了一个异步任务函数 asyncFunc(),它会执行一些耗时的任务并返回一个整数值。在 main()函数中使用 std::async()函数创建了一个异步任务,并传递了要执行的函数 asyncFunc()。std::launch::async 参数表示这个异步任务应该在一个新线程中执行。

提交任务后主线程可以执行其他操作,而不需要等待异步任务完成,但是在想要获取异步任务的返回值之前需要调用 std::future 的 wait()方法等待异步任务完成。

最后,通过调用 std::future 的 get()方法等待异步任务执行完成并获取它的返回值。运行上述程序,结果如下:

```
Async task completed with result: 42
```

(3) std::mutex。当多个线程同时访问和修改共享数据时,可能会导致数据竞争和不确定的行为。为了确保线程之间的数据同步和避免竞态条件,可以使用互斥量(Mutex)和条件变量(Condition Variable)。

互斥量是一种同步原语,用于保护共享数据,只允许一个线程在任意时刻访问共享数据。互斥量通过 lock()和 unlock()方法实现加锁和解锁操作。

下面是一个示例,展示了如何在 std::thread 中使用互斥量进行数据同步,代码如下:

```
//第4章/mutex.cpp

#include <iostream>
#include <thread>
#include <mutex>
std::mutex mtx;                              //互斥量,用于保护共享数据
int counter = 0;                            //共享数据
void increment()
{
    std::lock_guard<std::mutex> lock(mtx);   //加锁
```

```
        //修改共享数据
        counter++;
        //执行其他操作...
}   //解锁时,std::lock_guard的析构函数会自动调用unlock()

int main()
{
        std::thread t1(increment);
        std::thread t2(increment);
        t1.join();
        t2.join();
        std::cout << "Counter value: " << counter << std::endl;
        return 0;
}
```

在上面的示例中定义了一个全局变量 counter 作为共享数据。在 increment()函数中使用 std::lock_guard 来管理互斥量的锁定和解锁。锁定互斥量后可以安全地修改共享数据,确保在任意时刻只有一个线程可以访问共享数据。

在主函数中创建了两个线程 t1 和 t2,并分别调用 increment()函数。最后等待两个线程执行完成,并打印 counter 的值。运行上述程序,结果如下:

```
Counter value: 2
```

这表明两个线程安全地增加了 counter 的值,最终得到了正确的结果。

(4) std::condition_variable。std::condition_variable 用于线程之间的等待和通知。它可以让一个线程等待,直到满足某个条件然后由另一个线程通知它继续执行。

std::condition_variable 需要配合 std::mutex 一起使用以确保线程安全。当线程等待某个条件时,它会释放已经持有的锁,进入等待状态。当另一个线程满足了条件并进行通知时,等待的线程被唤醒,重新获取锁,并继续执行。下面的示例演示了如何使用这个模块进行线程同步控制,代码如下:

```
//第 4 章/conditionVariable.cpp

#include <iostream>
#include <thread>
#include <mutex>
#include <condition_variable>

std::mutex mtx;                         //互斥量,用于保护共享数据
std::condition_variable cv;             //条件变量
bool is_consume_ready = false;          //消费者准备好的标志

int data = 0;                           //共享数据

void producer()
```

```
{
    std::this_thread::sleep_for(std::chrono::seconds(1));    //模拟生产过程
    std::lock_guard<std::mutex> lock(mtx);                   //加锁
    //更新共享数据
    data = 42;
    is_consume_ready = true;
    cv.notify_one();                                         //通知等待的消费者线程
}
void consumer()
{
    std::unique_lock<std::mutex> lock(mtx);                  //加锁
    cv.wait(lock, []{ return is_consume_ready; });          //等待条件满足
    //执行消费操作
    std::cout << "Consumed data: " << data << std::endl;
}

int main()
{
    std::thread t1(producer);
    std::thread t2(consumer);
    t1.join();
    t2.join();
    return 0;
}
```

在上面的示例中定义了一个生产者线程和一个消费者线程。生产者线程会在一段时间后生成数据,并将 is_consume_ready 设置为 true,表示消费者准备好了,然后生产者线程通过 cv.notify_one()通知等待的消费者线程。

消费者线程首先会加锁,并调用 cv.wait()以等待条件满足。如果条件不满足,则消费者线程会释放锁,并进入等待状态。一旦生产者线程通知条件满足,消费者线程会重新获取锁,并继续执行。

在本例中运行结果如下:

```
Consumed data: 42
```

这表明消费者线程成功地获取了生产者线程生成的数据。通过使用 std::condition_variable 实现了线程之间的同步和等待/通知机制,从而确保数据正确和安全访问。

4.2.3 类型萃取 type_traits

在 type_traits 头文件中包含了许多模板类和函数,用于在编译期间进行类型特性的推导和查询。type_traits 提供了编译时的类型信息,可以在编译期间根据类型的特点进行条件编译和模板特化。以下是C++11 中常用的 type_traits 类(或者称为元函数)和函数的一些介绍,代码如下:

```
std::is_same<T1, T2>::value;           //判断两种类型是否相同
std::is_integral<T>::value;            //判断一种类型是否为整型,包括 bool、char、short 等
std::is_floating_point<T>::value;      //判断一种类型是否为浮点型,包括 float、double 等
std::is_pointer<T>::value;             //判断一种类型是否为指针类型
std::is_array<T>::value;               //判断一种类型是否为数组类型
std::is_enum<T>::value;                //判断一种类型是否为枚举类型
std::is_reference<T>::value;           //判断一种类型是否为引用类型
std::is_const<T>::value;               //判断一种类型是否为 const 限定的类型
std::add_const<T>::type;               //将一种类型添加 const 限定
std::remove_const<T>::type;            //移除一种类型的 const 限定
```

std::enable_if<>:根据类型的条件判断启用某个函数模板。如果条件满足,则返回的内容是模板参数类型,否则是 void 类型,代码如下:

```
template <typename T>
typename std::enable_if<std::is_integral<T>::value>::type
function(T t) { }
```

std::decay<>用于推导给定类型的"蜕变"(Decay)后的类型。它可以去除类型的引用、顶层 const 修饰符和数组的特殊性,得到原始类型。以下是几种蜕变操作的返回结果,注释部分标出了实际操作的结果,代码如下:

```
typedef std::decay<int>::type A;          //int
typedef std::decay<int&>::type B;         //int
typedef std::decay<int&&>::type C;        //int
typedef std::decay<const int&>::type D;   //int
typedef std::decay<int[2]>::type E;       //int *
typedef std::decay<int(int)>::type F;     //int(*)(int)
```

std::remove_pointer<>用于移除类型中的指针修饰,获取实际的类型数据,通常可以和 std::decay<>配合起来使用。以下是几种经过 remove_pointer<>操作的返回结果,注释部分标出了实际操作的结果。

```
typedef std::remove_pointer<int>::type A;          //int
typedef std::remove_pointer<int *>::type B;        //int
typedef std::remove_pointer<int * *>::type C;      //int *
typedef std::remove_pointer<const int *>::type D;  //const int
typedef std::remove_pointer<int * const>::type E;  //int
```

以上仅是 type_traits 中的一部分常用类和元函数,还有许多其他功能丰富的 traits 可用于编译期间的类型判断和处理。type_traits 的目的是使在编译期间可以更容易、更方便地进行类型特性的检查和条件编译,以提高代码的可读性和性能。这些元函数在后面会被大量地用到。

4.2.4　元组类型 std::tuple

元组类 std::tuple 是 C++11 中新增的一个模板类,用于将多个不同类型的值打包成一

个单一的类型,类似于一个固定长度的元组。它可以用来方便地传递多个参数或返回多个值。

std::tuple 提供了一系列成员函数和操作符,可以对元组的元素进行访问、修改和组合等操作。以下是一个示例程序,使用 std::tuple 来存储和操作不同类型的值,代码如下:

```cpp
//第 4 章/tuple.cpp

#include <iostream>
#include <tuple>
#include <string>
int main()
{
    //创建一个包含整数、浮点数和字符串的元组
    //访问元组的元素并打印
    std::tuple<int, float, std::string> myTuple(10, 3.14, "Hello");
    int intValue = std::get<0>(myTuple);
    float floatValue = std::get<1>(myTuple);
    std::string stringValue = std::get<2>(myTuple);
    std::cout << "Int Value: " << intValue << std::endl;
    std::cout << "Float Value: " << floatValue << std::endl;
    //修改元组的元素值
    std::cout << "String Value: " << stringValue << std::endl;
    std::get<0>(myTuple) = 20;
    std::get<1>(myTuple) = 6.28;
    std::get<2>(myTuple) = "World";     //使用 tie 将元组元素解包为多个变量
    int newIntValue;
    float newFloatValue;
    std::string newStringValue;
    //打印修改后的元组元素值
    std::tie(newIntValue, newFloatValue, newStringValue) = myTuple;
    std::cout << "New Int Value: " << newIntValue << std::endl;
    std::cout << "New Float Value: " << newFloatValue << std::endl;
    std::cout << "New String Value: " << newStringValue << std::endl;
    return 0;
}
```

在这个示例程序中创建了一个包含整数、浮点数和字符串的元组 myTuple,并展示了如何通过 std::get 访问元组的元素值,并通过 std::tie 将元组元素解包为多个变量。最后修改了元组中的元素值,并打印出来,以展示元组的修改功能。输出的结果如下:

```
Int Value: 10
Float Value: 3.14
String Value: Hello
New Int Value: 20
New Float Value: 6.28
New String Value: World
```

通过 std::tuple 可以方便地封装和操作多个不同类型的值,提高代码的可读性和灵活性。例如,对于一些数据库的接口来讲使用元组类型来处理数据库中数据表对应的行来讲是非常匹配的,将 std::tuple 和 std::vector 组合起来使用,能够完美地表达数据表结构。

4.2.5　std::function 函数对象和 std::bind 绑定器

在 C++ 中还没有引入 std::function 时,开发者在需要使用函数对象时需要自己编写相关的模块或者使用 Boost 库中的 function 模块。从 C++11 开始,std::function 被纳入STL 中,这是一个通用的函数封装类模板,可以用来存储任意可调用对象(函数、函数指针、成员函数指针等),并可以通过 operator() 调用。它提供了一系列操作符和成员函数,可以对函数对象进行赋值、比较、调用等操作。

std::bind() 用于将函数对象和其参数绑定起来,生成一个新的函数对象。通过 std::bind() 可以将一个多参数的函数对象转换成一个单参数的函数对象。它提供了一种方便的方式来延迟部分函数的参数传递。

以下是一个示例程序,使用 std::function 和 std::bind 来封装和绑定函数对象,代码如下:

```cpp
//第 4 章/funcBind.cpp

#include <iostream>
#include <functional>

void foo(int a, int b)
{
    std::cout << "Sum: " << a + b << std::endl;
}

int main()
{
    //创建一个 std::function 对象,存储一个函数对象
    std::function<void(int, int)> myFunction = foo;     //调用函数对象
    myFunction(10, 20);     //使用 std::bind 将函数对象和部分参数绑定起来
    //调用绑定后的函数对象
    auto myBoundFunction = std::bind(foo, std::placeholders::_1, 5);
    myBoundFunction(10);
    return 0;
}
```

这个示例程序定义了一个函数 foo(),接受两个整数参数并打印它们的和,然后通过 std::function 将函数 foo() 封装为函数对象 myFunction。通过调用 myFunction(10,20),可以间接地调用原来的 foo 函数。使用 std::bind 将函数 foo() 和部分参数绑定起来,生成一个新的函数对象 myBoundFunction。通过调用 myBoundFunction(10) 使 foo 函数的第 1个参数为 10,第 2 个参数为 5,输出结果为 15。

通过 std::function 和 std::bind()可以灵活地管理和操作函数对象,并实现函数的绑定和参数的延迟传递。

4.2.6　std::hash

C++11引入了对哈希函数的支持,标准库中提供了 std::hash 模板类,用于生成哈希值。std::hash 类模板可以接受不同的参数类型,并为它们生成对应的哈希值,这个哈希值实际上是一个 size_t 类型的数据。

下面是一个使用 std::hash 的示例,代码如下:

```cpp
//第 4 章/hash.cpp

#include <iostream>
#include <functional>
int main()
{
    //使用 std::hash 生成字符串的哈希值
    std::hash<std::string> hasher;
    std::string str = "Hello, World!";
    std::size_t hashValue = hasher(str);
    std::cout << "字符串的哈希值:" << hashValue << std::endl;
    //使用 std::hash 生成整数的哈希值
    std::hash<int> intHasher;
    int num = 42;
    std::size_t intHashValue = intHasher(num);
    std::cout << "整数的哈希值:" << intHashValue << std::endl;
    return 0;
}
```

在上面的示例中分别使用 std::hash<std::string>和 std::hash<int>生成了字符串 str 和整数 num 的哈希值。通过调用相应的哈希函数模板生成哈希值,可以使用生成的哈希值对哈希表、哈希集合或其他需要使用哈希值的数据结构进行操作。

4.2.7　std::map 和 std::unordered_map

C++11引入了一些新的容器类,其中包括 std::map 和 std::unordered_map,它们都属于关联容器,用于实现键-值对的存储和查找。

std::map 是基于红黑树的有序关联容器,它根据键的比较进行排序。std::map 中的所有元素都按照键的升序进行排列,键必须是唯一的。元素的插入和查找操作的时间复杂度是 $O(\log n)$。std::map 提供了丰富的成员函数和迭代器操作来操作和访问元素。下面是一个使用 std::map 的示例程序,代码如下:

```cpp
//第 4 章/map.cpp

#include <iostream>
```

```cpp
#include <map>

int main()
{
    std::map<int, std::string> myMap;
    //插入元素
    myMap.insert(std::make_pair(1, "apple"));
    myMap.insert(std::make_pair(2, "banana"));
    myMap.insert(std::make_pair(3, "orange"));

    //查找元素
    std::map<int, std::string>::iterator it = myMap.find(2);
    if (it != myMap.end()) {
        std::cout << "找到了元素:" << it->second << std::endl;
    } else {
        std::cout << "未找到元素" << std::endl;
    }
    return 0;
}
```

　　std::unordered_map 是基于哈希表的,实际上使用 std::hash 进行哈希处理,从而实现无序关联容器,它使用哈希函数对键进行散列,并提供快速的插入和查找操作。由于 std::unordered_map 中的元素是无序的,所以元素的插入和查找操作的时间复杂度通常是 $O(1)$,取决于哈希函数的效率和冲突的数量。std::unordered_map 提供了丰富的成员函数和迭代器操作来操作和访问元素。下面是 std::unordered_map 的使用示例程序,代码如下:

```cpp
//第 4 章/unorderedMap.cpp

#include <iostream>
#include <unordered_map>

int main()
{
    std::unordered_map<int, std::string> myMap;

    //插入元素
    myMap.insert(std::make_pair(1, "apple"));
    myMap.insert(std::make_pair(2, "banana"));
    myMap.insert(std::make_pair(3, "orange"));

    //查找元素
    std::unordered_map<int, std::string>::iterator it = myMap.find(2);
    if (it != myMap.end()) {
        std::cout << "找到了元素:" << it->second << std::endl;
    } else {
        std::cout << "未找到元素" << std::endl;
    }
    return 0;
}
```

无论是 std::map 还是 std::unordered_map,它们都提供了类似的接口,包括插入元素、删除元素和查找元素等操作。选择使用哪个容器取决于具体的需求,如果需要有序地存储和访问元素,则可以使用 std::map;如果更关注插入和查找速度,并且不需要保持元素的顺序,则可以使用 std::unordered_map。

4.3 本书中用到的数据结构和算法

尽管C++11标准库(STL)提供了丰富的容器和算法,但在设计模式的实现上还存在一定的局限性。设计模式通常需要更加精细和定制化的解决方案,因此需要自行设计并实现一些可以复用的模块和算法以满足设计模式实现的需要。

4.3.1 万能数据类型 variant

万能数据类型的意义是提供一种通用的数据类型,可以存储不同类型的数据。这样的数据类型在某些情况下非常有用,可以在编写代码时灵活地处理不同类型的数据,而不需要显式地定义多个不同类型的变量或数据结构。这个模块在更高版本 C++ 标准C++17中实现,读者如果有兴趣,则可以参考 std::any 的相关资料。

以下是一些使用万能数据类型的场景。

(1) 多态容器:通用变体类可以用于创建容器,可以存储不同类型的对象。例如,一个通用变体类的列表可以同时存储整数、字符串和自定义对象,而不需要创建多个不同类型的容器。

(2) 配置选项:通用变体类可以用于存储配置选项的值,这些值可能是不同的类型,例如整数、字符串、布尔值等。通过通用变体类,可以简化配置选项的访问和处理。

(3) 泛型函数:通用变体类可以用于编写泛型函数,能够处理不同类型的数据。当函数需要处理多种类型的参数时,使用通用变体类可以避免代码的重复和冗杂。

(4) 可变参数函数:通用变体类可以用于实现可变参数函数,在不同类型的参数之间以类型安全的方式进行传递和处理。

万能数据类型可以提供一种灵活、通用的数据类型,在某些情况下可以简化代码的编写和维护,并提高代码的可读性和可重用性。然而,万能数据类型可能会带来一些性能开销和类型安全性问题,因此在使用时需要仔细权衡。

在后面章节的设计模式实现中会多处用到万能数据类型,例如在命令模式中使用传递的命令参数,而这个模块在C++17标准库中才提供了这个容器的实现,如果在C++11标准下开发,则需要自己实现这个模块。

万能数据类型模块可以分为 3 部分。首先,定义内存管理的接口,其中主要包括深复制函数,用于处理内存复制操作;其次,使用模板类实现一个具备数据存储功能的容器,并在其中实现深复制接口,添加 set() 和 get() 函数,以方便对数据内容进行存取操作;最后,为了确保线程运行的安全性,在暴露使用接口的同时提供互斥锁以保证线程安全。

代码中使用了一个宏(VARIANT_USE_TYPE_CHECK),用来处理类型检查。在实际使用这个模块时可以针对自己的情况确定是否要开启或者关闭这个宏。开启后会增加类型的安全以避免错误地使用类型转换,但同时也增加了内存的负担。

在这种设计下,能够保证对外以一种统一的数据类型呈现,方便在其他的容器中使用,例如 std::vector,而实际可以存储任何类型的数据内容。模块结构如图 4-1 所示。

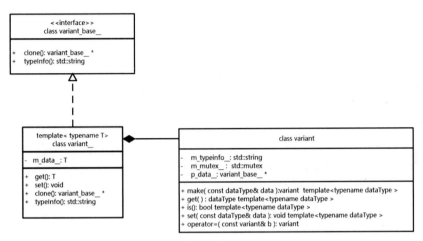

图 4-1　万能数据类型容器结构 UML

代码主要分成 3 部分,即接口定义、存储管理和对外接口。模块支持运行期的变量类型检查(Runtime Type Identification,RTII),可以通过宏变量来确定在编译时是否开启 RTII 功能,如果需要开启,则将宏 VARIANT_USE_TYPE_CHECK 设置为 1,否则设置为 0。如果没有明确定义宏 VARIANT_USE_TYPE_CHECK,则会默认使用开启 RTII 功能,代码如下:

```
#if !defined(VARIANT_USE_TYPE_CHECK)
#define VARIANT_USE_TYPE_CHECK   (1)
#endif
```

下面的代码是接口定义部分的内容。接口中主要定义了复制函数 clone(),如果开启了 RTII 功能,就会定义类型名称读取函数 typeInfo(),主要用于在运行期进行类型检查,代码如下:

```
class variant_base__{
public:
    virtual ~variant_base__(){}
    virtual variant_base__ * clone() = 0;
#if VARIANT_USE_TYPE_CHECK
    virtual const std::string typeInfo() const= 0;
#endif
};
```

存储实现部分使用模板类对数据内容进行保存,数据的实际类型由模板参数(T)来确定。

类 variant__ 继承 variant_base__ 并实现对应的接口。m_data__ 是一个私有变量,用来存储真正的数据内容。

需要注意的是,由于实现使用复制构造来初始化数据内容,所以要求 T 类型支持复制构造。在模块中的 set()函数中使用赋值操作,需要 T 类型支持赋值操作。在后续复制的 clone()函数可能会抛出 std::bad_alloc 异常,使用时需要注意用 try-catch 语句进行处理,代码如下:

```cpp
//container/variant.hpp

template< typename T >
class variant__ : public variant_base__
{
private:
    T    m_data__;    //实际数据内容
public:
    variant__(){}
    variant__(const T& value) : m_data__(value){}
virtual ~variant__(){}

    T get(){ return m_data__; }

    void set(const T& b){
        m_data__ = b;
    }
}
```

clone()函数是处理内存和存储数据的核心所在。在这个实现中通过复制赋值运算符完成复制操作,所以要求实际存储的数据支持复制运算符。如果为了更加安全,则可以添加判断操作,以此来检查是否支持复制赋值操作,代码如下:

```cpp
static_assert(std::is_class<T>::value &&
              std::is_copy_assignable< T >::value, "");
```

static_assert 可以在编译期检查实际类型在是类的情况下是否实现了赋值复制操作,其中 std::is_class 元函数用来检查是否是类,std::is_copy_assignable 元函数用来检查是否存在赋值复制操作。

但是这个操作在数据是简单的类型时就会在编译期报错。为了解决这问题,可以增加判断,以此确认是否是基础类型的内容,通过元函数 std::is_fundamental<> 放行基础类型的数据,代码如下:

```cpp
static_assert((std::is_class<T>::value &&
               std::is_copy_assignable< T >::value)||
               std::is_fundamental<T>::value, "");
```

在 clone()函数中实现对实际数据类型的数据进行深复制操作。在函数内部首先创建一个新的 variant__ 对象,然后针对实际数据使用赋值运算符对实际的数据进行复制操作,代码如下：

```
virtual variant_base__ * clone() final
{
    variant__< T > * ret = nullptr;
    ret = new variant__< T >();          //创建新对象
    ret->m_data__ = m_data__;            //复制实际数据内容并赋给新的对象
    return ret;
}
```

通过 VARIANT_USE_TYPE_CHECK 开启运行期的类型检查功能，通过 typeid 在运行期获取类型的名字。外部应用时需要比较名字是否相符，以此判断两种类型是否相符，代码如下：

```
//container/variant.hpp

#if VARIANT_USE_TYPE_CHECK
virtual const std::string typeInfo() const final
{
        return std::string(typeid(T).name());
}
    #endif
};
```

接口实现部分的主要任务是从容器的使用者角度实现的，以方便在实际应用程序中使用，其中，p_data__是一个 variant_base__ 类型的指针，通过指针存储的方式利用多态能够保证无论 variant__类中的实际数据类型怎么变化都有一个统一的接口来处理数据。

成员变量 m_typeinfo__根据宏变量 VARIANT_USE_TYPE_CHECK 进行配置，如果编译时打开宏配置，则这个成员变量用来存储实际数据类型的相关信息，用于后续进行参数类型的检查。m_typeinfo__信息内容通过C++11提供的关键字 typeid 获取，代码如下：

```
//container/variant.hpp

class variant{
private:
variant_base__    * p_data__;
#if VARIANT_USE_TYPE_CHECK
    std::string        m_typeinfo__;      //保存数据类型描述
#endif
    //对多线程进行支持,所以这个模块是一个线程安全的模块
    mutable std::mutex  m_mutex__;
public:
    variant():p_data__(nullptr){}
    virtual ~variant()
{
    if(p_data__){
        delete p_data__;
    }
}
```

make()函数是一个工厂函数,提供了一个方便构造 variant 的接口,其中的参数 data 使用了万能引用的方式方便适配各种不同的参数传递模式。当 VARIANT_USE_TYPE_CHECK 宏的值为 1 时 ret.m_typeinfo__ = typeid(dataType).name();会被编译到程序中,为模块提供了运行期的数据类型检查功能,代码如下:

```cpp
template< typename dataType >
static variant make(dataType&& data)
{
    variant ret;
#if VARIANT_USE_TYPE_CHECK
    //在 VARIANT_USE_TYPE_CHECK==1 时会读取类型的名字,并把名字
    //保存在 m_typeinfo__成员变量中
    ret.m_typeinfo__ = typeid(dataType).name();
#endif
    //使用 new 分配内存
    ret.p_data__ = new variant__< dataType >(data);
    return ret;
}
```

get()函数是用于获取实际数据的接口。由于 variant 类可以存储不同类型的数据,所以在获取数据时需要明确指定数据的具体类型,具体的数据类型通过模板参数 dataType 来指定,使用的方式为 int value = variant1.get<int>();。

由于 get()函数不会修改数据的内容,所以把函数修饰为 const 类型,但是在操作时需要考虑线程加锁的情况,由此在类声明 m_mutex__时增加了 mutable,以此来允许 const()函数改变互斥变量的状态,代码如下:

```cpp
//container/variant.hpp

template<typename dataType >
dataType get()const
{
    std::lock_guard< std::mutex > lock(m_mutex__);
#if VARIANT_USE_TYPE_CHECK
    //检查数据类型和期望读取的数据类型是否匹配,这里的检查是运行期的检查操作
    assert(m_typeinfo__ == typeid(dataType).name());
#endif
    auto * p = static_cast< variant__<dataType> * >(p_data__);
    if(!p){
        throw std::runtime_error("data empty");
    }
    return p->get();
}
```

set()方法用来修改数据内容,在函数内部一是需要考虑线程安全,二是需要检查数据类型是否相符合,条件满足后修改数据内容,代码如下:

```
template< typename dataType >
void set(const dataType& data)
{
    //锁定数据,variant 模块可能会在不同的场合中使用,所以 variant 支持多线程
    std::lock_guard< std::mutex > lock(m_mutex__);
#if VARIANT_USE_TYPE_CHECK
    //检查数据类型是否相符合,这个检查动作是在运行期执行的
    assert(m_typeinfo__ == typeid(dataType).name());
#endif
    auto * p = static_cast< variant__<dataType> * >(p_data__);
    if(p){//修改数据内容
        return p->set(data);
        }else{
            throw std::runtime_error("data empty");
        }
    }
};
```

make()函数实际是 variant 的工厂函数,用来构造 variant 对象并根据给定的数据进行初始化操作。这个函数可能会抛出 std::bad_alloc 异常,需要在使用时进行处理。在这个函数的实现中没有针对指针对原始数组类型进行甄别。

例如,如果要针对指针进行剔除,则在 make()函数中可以这样处理,代码如下:

```
//包含 C++11 的元函数库
#include <type_traits>
template< typename dataType >
static variant make(const dataType& data)
{
    static_assert(std::is_pointer<dataType>::value,
        "不支持指针类型的数据");
    ... ...
}
```

如果要剔除数组,则可以这样处理:

```
template< typename dataType>
static variant make(const real_type& data)
{
    static_assert(std::is_array<dataType>::value, "不支持数组类型的数据");
}
```

下面是一个 variant 类的使用示例程序,代码如下:

```
//第 4 章/variant.cpp

#include "container/variant.hpp"
#include <vector>

using namespace wheels;

int main(void)
{
```

```
auto a_int = variant::make(10);          //构造一个存储 int 类型的 variant
auto a_float = variant::make(12.3);      //构造一个存储 float 类型的 variant
//定义一个存储 variant 的向量对象
std::vector< variant >  a_v;
//把不同的具体类型的 variant 存入向量
a_v.push_back(a_int);
a_v.push_back(a_float);

//从向量中读取数据并输出
int a_ = a_v[0].get<int>();
double a_f = a_v[1].get<double>();

std::cout << "a=" << a_ << " a_f=" << a_f << std::endl;
return 0;
}
```

4.3.2 使 switch-case 支持字符串

在 C++ 中的 switch 语句并不直接支持字符串作为条件表达式,然而,从C++11开始可以利用常量表达式(constexpr)在编译时将字符串转换为整数,从而实现在 switch 语句中使用字符串,代码如下:

```
//misc.hpp

using hash_t = uint64_t;
constexpr hash_t   bas_data__ = 0xCBF29CE484222325;
constexpr hash_t   itrt_data__ = 0x100000001B3;
```

使用常量表达式实现的递归迭代在编译时计算出哈希值,这个哈希值将用在 case 语句中。由于在C++11标准下 constexpr 只能使用一个 return 语句,所以只能使用递归的方式实现,代码如下:

```
//misc.hpp

constexpr hash_t hash__(char const * str, hash_t last_value = bas_data__)
{
    return * str ? hash__(str+1, (* str ^ last_value) * itrt_data__) :
                last_value;
}
```

上面的 hash__()函数使用起来还不够友好,通过 operator""_hash 字面量运算符实现,以使代码更加友好,并且可读性更好,代码如下:

```
//misc.hpp

constexpr hash_t operator"" _hash(const char * data, size_t)
{
    return hash__(data);
}
```

下面是字面量运算符的语法格式：

```
返回类型 operator""suffix()
返回类型 operator""suffix() const
返回类型 operator""suffix() volatile
返回类型 operator""suffix() const volatile
```

其中，suffix 代表字面量的后缀。根据需要，字面量后缀可以是任何合法的标识符。hashStr()函数是一个运行期计算的方法，用来进行运行计算，运行期计算的方法用于switch 语句中，代码如下：

```cpp
//misc.hpp

hash_t hashStr(char const * str)
{
    hash_t  ret = bas_data__;
    while( * str){
        ret ^= * str;
        ret * = itrt_data__;
        str++;
    }
    return ret;
}
```

下面给出一个使用示例程序，代码如下：

```cpp
//第 4 章/strSwitch.cpp

void processString(hash_t hashValue)
{
    switch (hashValue) {
    case "hello"_hash:                   //使用编译期字面量计算哈希值
        std::cout << "Hello!" << std::endl;
        break;
    case "world"_hash:
        std::cout << "World!" << std::endl;
        break;
    default:
        std::cout << "Unknown string!" << std::endl;
    }
}

int main()
{
    const char * str1 = "hello";
    const char * str2 = "world";
    const char * str3 = "test";
    processString(hashStr(str1));        //使用运行期函数计算 str1 哈希值
    processString(hashStr(str2));        //使用运行期函数计算 str2 哈希值
    processString(hashStr(str3));        //使用运行期函数计算 str3 哈希值
    return 0;
}
```

在上面的示例代码中,processString()函数接收一个哈希值作为参数,在 switch 语句中匹配不同的字符串哈希值,并输出相应的结果。在 main()函数中,分别调用processString()函数传入不同的字符串,通过字符串哈希值来触发相应的 case 语句分支。

运行示例代码,将会输出以下结果:

```
Hello!
World!
Unknown string!
```

4.3.3　线程池

线程池是一种管理线程的机制,在程序运行期间维护一组预先创建的线程,用于执行后台任务,避免重复地创建和销毁线程以节省系统的调度时间。线程池可以提高程序的性能和资源利用率,同时也减少了线程创建和销毁的开销。线程池通常包含任务队列、线程池管理、工作线程。

任务队列用于存储待执行的任务。任务可以是任意的代码块或函数;线程池管理负责创建和销毁线程,以及监控任务队列的状态,并处理好多个线程的执行顺序和资源的竞争;工作线程用于获取队列中的任务并执行任务。

使用线程池的主要好处是可以控制线程数量,方便在并发和资源调配上找出一个比较合理的平衡。线程的创建和销毁是一项昂贵的操作,线程池可以重用已创建的线程,减少这些开销,避免系统资源过度消耗和竞争,能够提供更好的系统资源管理。线程池可以根据系统资源的情况来动态地调整线程的数量,从而更好地利用系统资源。

在C++11标准库中提供了主要的线程操作模块,但是并没有实现线程池。线程池作为一种高效的线程处理手段在实际开发中会经常用到。虽然在本书中后续相关设计模式的实现中没有实际用到线程池,但考虑到在实际业务开发中需要线程池和设计模式进行配合,本书中也实现了一个简易的线程池,成员变量定义的代码如下:

```
//threadPool.hpp

class threadPool
{
private:
    std::vector<std::thread>                m_works__;       //线程池运行中的线程组
    std::queue<std::function<void()>>  m_tasks__;       //任务队列
    std::mutex                               m_queue_mutex__;  //互斥锁
    std::condition_variable                m_condition__;    //调度控制的条件变量
    std::atomic< bool >                    m_stop__;        //是否已经停止
    std::atomic< int >                     m_count__;       //线程池容量
private:
```

线程调度模块的处理流程如图 4-2 所示。首先检查线程池是否在运行,如果在运行,则锁定运行数据,检查是否存在任务,如果不存在任务,则等待任务;如果存在任务,则从任务

队列中读取任务调度以执行任务。当不存在任务时使用条件变量等候通知,新增任务的新
增函数会发出通知以调度程序执行调度操作。

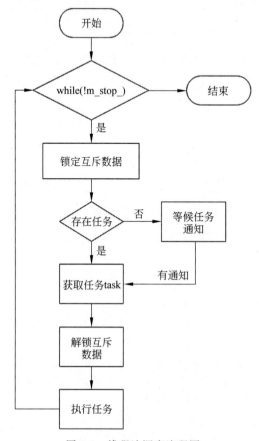

图 4-2　线程池调度流程图

run_task__()函数用于在线程池中循环执行任务,是线程池处理调度的核心代码。它
的主要作用是不断地从任务队列中获取任务并执行它们,实际上会根据线程池的池容量启
动若干个 run_task__()线程。当线程池被标记为停止并且任务队列为空时,该函数会退
出,具体步骤见图 4-2,run_task__()函数的代码如下:

```cpp
//threadPool.hpp

void run_task__(){
    while(!m_stop__.load()) {
        std::function<void()> task;    //实际要执行的任务
        {
            std::unique_lock<std::mutex> lock(m_queue_mutex__);
            //等候队列任务就绪
            m_condition___.wait(lock, [&] {
```

```
                return m_stop__ || !m_tasks__.empty();
            });
            //结束执行
            if (m_stop__ && m_tasks__.empty()) {return;}
            //获取任务
            task = std::move(m_tasks__.front());
            m_tasks__.pop();
        }
        //执行任务
        task();
    }
}
public:
//参数 numThreads 是线程池的线程容量
    threadPool(size_t numThreads):
      m_stop__(true), m_count__(numThreads){}
    ~threadPool() { stop(); }
```

add()用于向线程池中添加任务，对需要执行的任务进行排队。它接收一个函数对象 f 和任意数量的参数 args，并返回一个 std::future 对象，后期用于获取任务的返回值。模板参数 Func_t 是函数类型，Args...是 Func_t 参数表类型。

在 add()函数的实现中返回的返回值使用类型推导的方式实现，所以返回值类型使用了 auto，通过->操作对返回值进行推导。在这里是 std::future<返回值类型>，无论函数的实际返回值是什么都返回一个 std::future 类型。函数的实际返回值类型则通过 std::result_of<>元函数获取 std::result_of<F(Args...)>::type，代码如下：

```
//threadPool.hpp

template<class Func_t, class... Args>
auto add(Func_t&& f, Args&&... args)
    -> std::future<typename std::result_of<F(Args...)>::type>
{
    using return_type = typename std::result_of<F(Args...)>::type;
```

std::packaged_task()用于包装任何可调用目标（如函数、lambda 表达式、bind 表达式或函数对象），以便它可以被异步调用，其主要功能是将可调用对象的执行结果传递给一个 std::future 对象，这样可以在另一个线程中异步获取该结果。要返回的 std::future 对象通过 std::packaged_task 的成员函数 get_future()获取。最后任务的返回值通过 std::future 读取，代码如下：

```
//threadPool.hpp
auto task =std::make_shared<std::packaged_task<return_type()>>(
    std::bind(std::forward<F>(f), std::forward<Args>(args)...));
    std::future<return_type> res = task->get_future();
    {
        std::unique_lock<std::mutex> lock(m_queue_mutex__);
```

```
            m_tasks___.emplace([task]() { (*task)(); });
        }
    m_condition___.notify_one();
    return res;
}
```

start() 函数的功能是启动线程池操作,函数参数 start 的默认值为 true,在参数值为 true 的情况下启动线程池,在参数值为 false 的情况下停止线程池。for 循环根据构造函数配置的线程池数量启动对应数量的线程,线程执行的任务就是 run_task__() 函数。当需要结束线程池时首先清理掉还没有执行的任务列表,然后根据操作系统结束正在运行的线程,代码如下:

```
//container/variant.hpp

void start(bool sw = true) {
    if(sw) {
        if(!m_stop___.load()) return;     //线程池正在运行
        m_stop___ = !sw;
        //根据线程池的线程容量启动 m_count__ 个线程
        for (int i = 0; i < m_count___.load(); ++i) {
            m_works___.emplace_back(
                std::bind(&threadPool::run_task__, this));
        }
        m_condition___.notify_all();
    }else{
        clearNotRunning();
        m_stop___ = !sw;
        m_condition___.notify_all();
        //根据平台情况停止正在运行的线程任务
        for (std::thread& worker : m_works___) {
#if defined(__POSIX__) || defined(__LINUX__)
            pthread_t id = worker.native_handle();
            pthread_cancel(id);
#elif defined(WIN32)
            HANDLE id = worker.native_handle();
            TerminateThread(id, 0);
#endif
        }
    }
}
inline void stop() { start(false); }
};
```

使用 std::queue 针对任务进行排队处理,使用 std::future 处理异步返回值,并利用条件变量进行任务调度和数据的同步处理,可以有效地控制系统负载和任务平衡。在实际使用时可以根据计算机的硬件特点选择线程数量,能够保证在每个核上运行一个任务以达到对 CPU 算力的最好利用。

在这个模块完成了基础的线程池功能,但是并没有考虑任务数量的上限,这可能会造成内存负载过高,在使用时需要注意这点,读者可以根据自己的需要调整代码,以便添加任务上限的约束,例如当任务数量达到上限时拒绝添加任务。如果要进行这样的修改,则可以将判断的内容添加到 add() 函数的实现中。

下面是一个简单的使用线程池的示例程序,演示如何使用 threadPool 模块,代码如下:

```cpp
//第 4 章/threadPool.cpp

class a
{
public:
    int taskFunction(int id) {
        std::cout << "Task " << id << " started" << std::endl;
        //模拟一些工作任务,使用 sleep_for 函数等候一段时间
        std::this_thread::sleep_for(std::chrono::seconds(1));
        std::cout << "Task " << id << " finished" << std::endl;
        return id * 2;
    }
};


int main()
{
    a a1;
    threadPool pool(4);                           //创建一个线程池,有 4 个工作线程
    std::vector< std::future< int >> rst(8);      //结果数组

    //将任务提交到线程池
    for (int i = 0; i < 8; ++i) {
        rst[i] = pool.add(
            std::bind(&a::taskFunction, &a1, std::placeholders::_1), i);
    }
    //启动线程池
    pool.start(true);

    //等待所有任务完成
    std::this_thread::sleep_for(std::chrono::seconds(5));
    //输出结果
    for(int i = 0; i < 8; i ++){
        std::cout << "thread " << i << " result: " << rst[i].get() << std::endl;
    }
    return 0;
}
```

4.4　本章小结

在本章中对C++11引入的新定义和库进行了详细探讨，并通过简单的应用示例，展示了这些新特性在实际编程中的运用。这些知识点不仅为后续设计模式的实现提供了基础，还将作为构建更复杂数据结构和算法的重要基石。

本章中还设计和实现了多种容器、工具和算法，以便为后续的编程实践提供稳定且高效的基础支持。针对部分新的容器、工具和算法给出了示例程序，方便读者能够熟悉并使用这些工具，便于后面章节中对设计模式的代码或者将这些工具直接用于自己的项目中以提高编程效率。

第 5 章

创建型模式

从本章开始将系统地讨论设计模式的概念和原理,在了解传统的设计模式(如单例模式、工厂模式、观察者模式等)的基础上,将进一步探索如何使用C++11元编程(Meta Programming)技术实现这些设计模式。

通过比较传统的实现方式和元编程实现方式,将深入了解C++11元编程方式的实现细节及C++11元编程技术的独特优势。此外还将探讨C++11元编程如何使设计模式的实现更加简洁、高效和灵活,以及它如何为开发者提供更多的编程选择和优化空间。

创建型模式提供了一种创建对象的机制,将对象的创建和使用分离以更好地满足系统的变化和扩展性需求,提高代码的可维护性和可扩展性。创建型模式主要关注对象的创建过程,以及如何解耦对象的创建和使用。

创建型模式主要包括工厂模式(Simple Factory Pattern)、抽象工厂模式(Abstract Factory Pattern)、单例模式(Singleton Pattern)、原型模式(Prototype Pattern)和生成器模式(Builder Pattern)。

5.1 工厂模式及其实现

在工厂模式中通常定义一个抽象的工厂类,该类包含一个创建对象的方法。具体的子类工厂可以继承抽象工厂,并实现自己的对象创建逻辑。通过工厂类,客户端代码可以通过调用工厂方法来创建所需的对象,而无须了解具体对象的实现细节。

另外,工厂模式还可以帮助遵循开闭原则,即对扩展开放,但对修改关闭。通过将对象的创建逻辑封装在工厂类中,可以在不修改客户端代码的情况下添加新的对象类型。

5.1.1 工厂模式的传统结构

传统工厂模式首先定义一个抽象的产品类,并在子类中实现具体创建接口,然后定义一个静态的工厂方法实现。这种方法对于传参的类型、数量都不能做到灵活应对,并且需要延迟到业务中进行实现,这就不能在实际开发中将程序员的注意力集中在具体业务上,并且因为要根据具体业务实现静态工厂方法,所以一旦添加新产品就不得不修改工厂逻辑,在产品类型较多时会造成工厂逻辑过于复杂,不利于系统的扩展和维护。

absProduct 定义工厂方法的接口,根据实际需要定义接口函数,如图 5-1 所示。要求每个接口对应一个特定的应用。cncrtPdtA、cncrtPdtB 是实际实现,通过针对 absProduct 中的接口进行实现,从而创建对象。

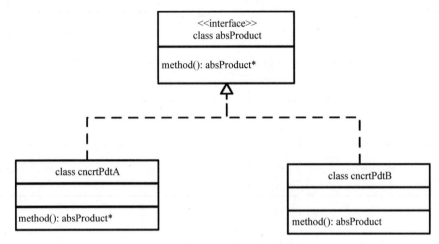

图 5-1　传统工厂模式 UML 简图

C++ 元编程可以将接口定义在编译期完成,可以在具体类型上增加通用性,并可以利用变长模板,将创建过程的参数变化在编译期明确。

传统工厂模式主要通过继承的方式实现接口。在每次用到工厂模式时都需要根据实际情况重新编写接口定义并重新实现具体类。这种方式造成了大量代码需要重写,在不同的项目中需要构造不同的符合工程需要的工厂模式代码,在浪费了大量的开发及测试时间的同时也容易引入新的问题。

5.1.2　使用C++11实现工厂模式的结构

利用C++11的元编程技术,使用产品类的构造函数可以灵活地应对不同的参数数量和参数类型的产品类的构造。利用模板类可以很方便地实现数据类型的多样性,利用模板函数实现生成对象上的多样性。通过函数模板和类模板配合能够在编译期适应不同数据类型的工厂构造方式。

元编程技术实现的工厂模式放弃了类继承实现接口的方式,使用工厂模板避免了重复编写代码的情况,将工厂模式的实现和具体业务分离开来,并通过可变模板参数的工厂函数支持了不同数量的参数和不同类型的参数传入接口,增加了产品类的灵活性。应用时可以将具体产品继承自产品类,这样便可利用私有化的构造函数,从而避免了通过构造函数生成对象。C++11工厂模式 UML 的简图如图 5-2 所示。

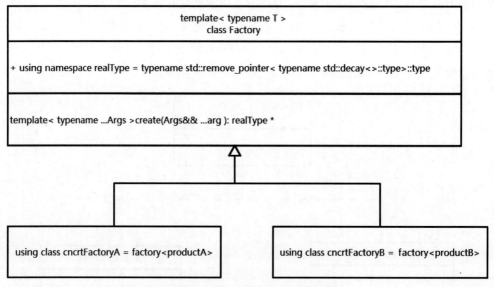

图 5-2　C++11 工厂模式 UML 的简图

5.1.3　工厂模式的实现和解析

在本书中工厂模式的实现采用了两种方式,一种是模板类;另一种是模板函数。

(1) 模板类实现方式。通过模板参数实现对不同类型对象的创建。它的目的是提供一种通用的方式来创建对象,避免直接调用构造函数以增加代码的可扩展性和灵活性。

代码中的模板定义是这样的,代码如下:

```
//designM/factory.hpp

#include <type_traits>

template <typename type>
struct product
{
public:
    using realType = typename remove_pointer<
        typename decay< type >::type > :: type;
    static_assert(is_constructible<realType>::value &&
        is_class<realType>::value, "");
  ... ...
};
```

代码中使用元函数 std::is_constructible<T>::value 和 std::is_class<T>::value 进行类型检查,要求产品类必须支持构造函数。通过这种静态的类型检查可以在编译时发现不合要求的类,避免在运行时出现不支持的类型,从而导致错误。

using realType＝typename remove_pointer＜typename decay＜type＞::type＞::type；允许通过已有的对象推断目标类型。元函数 std::decay＜T＞::type 将 T 类型退化成最简单的形式，去掉 const 等修饰，然后使用元函数 std::remove_pointer＜T＞::type 移除指针类型。将实际的产品类型整理成原始的类类型。通过这种方式能够扩大类的包容性，在后面的各个模块的实现中都采用了这样的处理方式来扩大模块的适用范围，示例代码如下：

```
cncrtPdtA  * a = nullptr;
... ...
... ...
auto * b = product<decltype(a)>::create(...);
```

struct product{ //... };；这是结构体 Factory 的定义部分。在这里可以定义结构体的成员变量和成员函数等。

结构体 product 是一个根据模板参数进行定制化和实例化的工厂类模板。通过这些模板参数，可以在结构体 product 中根据不同的类型相应地进行操作和实现。这样可以减少代码的冗余，并增加代码的灵活性。

接下来定义了 create() 方法，用来构造对象，在方法内部仍然使用了 new 操作符实现对象的构造操作，代码如下：

```
//designM/factory.hpp

template <typename... Args>
static realType * create(Args &&... args)
{
    realType * ret = nullptr;
    ret = new realType(std::forward<Args>(args)...);
    return ret;
}
```

使用 new 操作符来动态地分配内存，在分配内存时使用 std::forward＜＞() 将传入的参数表 args 展开并完美地转发给实际要构造的类的构造函数。这样可以将参数以其原本的方式传递给构造函数。

当使用 new 操作符分配内存时可能会抛出 std::bad_alloc 异常，或者在调用构造函数时，构造函数内部可能会抛出模块自己实现的异常，但在上述代码中并没有针对这些情况进行处理，读者在使用时需要在自己的业务代码中处理这些异常情况。另外 create() 函数返回的是裸指针，这容易存在内存安全问题，在实际使用时需要注意释放指针。为了能够更加安全地操作内存，在 create_shared() 函数中通过返回的智能指针更好地管理内存和对象的生命周期，代码如下：

```
//designM/factory.hpp

template <typename... Args>
```

```
static std::shared_ptr<realType >create_shared(Args &&... args)
{
    auto ret = std::make_shared<realType >(std::forward<Args>(args)...);
    return ret;
}
```

这样通过针对构造函数的封装实现了基本的工厂操作。为了针对构造过程进行控制，可以进一步修改 create_shared()函数，通过传递函数对象将特定初始化操作延迟到函数对象中进行处理。

create_callback()方法提供了用户可定制的错误和后续处理机制，允许用户传入自定义的后续处理函数对象来进一步地处理创建对象后的操作。传统工厂模式通常只返回一个空指针或者抛出异常，而这种定制化的错误处理方式可以根据具体需求采取不同的处理策略，能够增加代码的可扩展性和可定制性，代码如下：

```
//designM/factory.hpp

template <typename... Args>
static std::shared_ptr<realType >
create_callback(
    std::function< void (std::shared_ptr<realType > ptr, Args&&...)>func,
    Args&&... args)
{
    auto ret = std::make_shared<realType >(std::forward<Args>(args)...);
    func(ret, std::forward<Args>(args)...);
    return ret;
}
```

其中，func 的函数原型是将实际创建的对象作为参数 ptr 传递给回调函数，在回调函数中可以进行额外的初始化处理。例如在某些情况下需要使用 std::enable_shared_from_this 模块，并且在要创建的对象中用到 shared_from_this()方法，由于在构造函数中还没有完成整个对象的构造操作，所以调用这种方法会出现问题。这时需要将使用 shared_from_this()函数的初始化工作放到另外一个初始化函数中进行，这个场景可以在回调函数中调用另外的初始化方法，回调函数的原型如下：

```
void func(std::shared_ptr<realType > ptr, Args&&... params);
```

（2）模板函数实现方式以模板函数进行自动构造生成对象，不需要针对类型进行继承等其他的处理，使用起来会更加方便，代码如下：

```
//designM/factory.hpp

#include <type_traits>
template< typename type, typename Args...>
realType * product(Args&&... args){
```

```
static_assert(is_class<type>::value&&is_constructible<type>::value, "");
realType * ret = nullptr;
ret = new type (std::forward<Args>(args)...);
return ret;
}
```

在这段代码中使用了 std::is_class<> 和 std::is_constructible<> 进行编译期类型检查,确保了工厂函数只能用于类类型,并且能够正确地构造对象。这增加了代码的安全性和稳定性。

通过 std::forward<>() 和完美转发方式传递参数,保证了传递给产品的构造函数的参数类型和值的完整性,避免了多余的复制操作,提高了代码的效率。

工厂函数相比模板类的工厂模式更加通用和灵活。它不再依赖于特定的产品类或特定的工厂类,而是一种可以根据需要创建不同类型对象的通用工厂函数。这种灵活性使代码更具可扩展性和可维护性。

虽然这种实现方式更加灵活,但是其中并没有实现原始类型的推断部分。在实际使用时需要根据具体情况进行选择。另外程序中没有针对内存分配失败和实际类在初始化过程中对异常情况进行处理,使用时需要在业务代码中针对此情况进行处理。

5.1.4 应用示例

在给出工厂模式的示例之前,先简单介绍 CRTP(Curiously Recurring Template Pattern)方式。在 CRTP 中,派生类(例如 class a)作为模板参数传递给基类模板(例如 product<a>)。基类可以通过派生类的类型信息实现一些特定的逻辑或行为。

在这个例子中,product<a> 基类提供了静态函数 create 来创建 a 类的实例。通过 CRTP,派生类 class a 可以访问和继承 product<a> 类中的成员和方法。

CRTP 的一个优点是它允许在编译时进行静态绑定和优化,而不需要虚函数的运行时开销;另一个优点是通过 CRTP,基类可以访问派生类的成员和方法,这为实现代码的重用和灵活性提供了机会。

需要注意的是,使用 CRTP 时应该小心并谨慎,因为错误地使用 CRTP 可能导致代码更复杂和难以维护。在使用 CRTP 时,应该权衡使用的利弊,并确保正确理解和适当使用该模式。

(1) 采用 CRTP 方式使用工厂模式。在这个例子中,struct a 通过公有继承方式继承自 product<a> 类,product<a> 为类 a 提供了工厂功能,这样在类 a 中就不需要另外实现工厂函数了,实现代码如下:

```
struct a : public product< a >
{
  a(int c);
};
a * pa2 = a::create(23);
```

（2）采用模板类特化方式，直接特化使用，特化后就是针对特定类的工厂类。可以对实际的对象进行封装而不必暴露出来，避免直接使用原类，代码如下：

```
namespace pdt_prvite__
{
    class pdtA{ ... ... };
    class pdtB{ ... ... };
}
using cncrtPdtA = product<pdt_prvite__::pdtA>;
using cncrtPdtB = product<pdt_prvite__::pdtb>;
```

这段代码利用模板类特化的方式，对 product 模板进行重新命名，将具体的产品类类型从私有名字空间中暴露出来，在外部使用时如果不指明 pdt_prvite__名字空间，则产品类的实现就在外部不可见，这样就避免了调用构造函数对产品进行初始化。采用这种方式可以很方便地在已有代码的基础上进行工厂模式改造，而不需要对代码大幅度地进行修改。

（3）工厂模板函数的使用示例。定义一个类并在其构造函数中完成对象的初始化。实际也是利用构造函数，示例代码如下：

```
class YourClass
{
public:
    YourClass(int value) : m_value(value)
    {
        //在构造函数中完成对象的初始化
    }
    //其他成员函数和成员变量
...
};
```

调用工厂函数创建对象。使用工厂函数来创建对象，传入的参数包括类名和构造函数的参数，代码如下：

```
YourClass* objPtr = product<YourClass>(42);
```

使用对象，可以调用对象的成员函数、访问对象的成员变量等，释放对象的内存。当不再需要对象时，需要手动调用 delete 运算符以释放对象的内存，代码如下：

```
objPtr->someFunction();
std::cout << objPtr->someVariable << std::endl;

delete objPtr;
```

5.2　抽象工厂模式及其实现

抽象工厂模式（Abstract Factory Pattern）提供了一种封装一组相关或相互依赖对象的创建方式而无须指定其具体类。

在软件开发中有时需要创建一组相关的对象，这些对象之间可能存在关联或依赖关系。

如果直接在客户端代码中创建这组对象,则将导致代码耦合度高、难以维护和扩展。在这种情况下使用抽象工厂模式可以很好地解决这个问题。

5.2.1　抽象工厂模式的传统结构

抽象工厂模式通过引入一个抽象工厂接口定义一组用于创建相关对象的方法。每个具体的工厂类都实现了抽象工厂接口,并负责创建一组相关的对象。客户端代码通过调用工厂接口的方法来创建对象,而无须知道具体的工厂类和对象。抽象工厂模式的核心组成部分包括抽象工厂接口(Abstract Factory),其中定义一组用于创建产品的方法;具体工厂类(Concrete Factory)实现抽象工厂接口,负责创建一组相关的产品的具体逻辑;抽象产品接口(Abstract Product)定义一组产品的通用方法接口;最后是具体产品类(Concrete Product)实现抽象产品接口,并实现具体的产品类创建逻辑。

抽象工厂模式提供了一种封装一组相关对象的创建方式,便于对代码进行组织和管理;将客户端代码与具体工厂类和产品类解耦,从而使客户端代码更加灵活和可扩展。能够支持产品族的创建,可以创建一组相关的产品。传统抽象工厂模式 UML 的简图如图 5-3 所示。

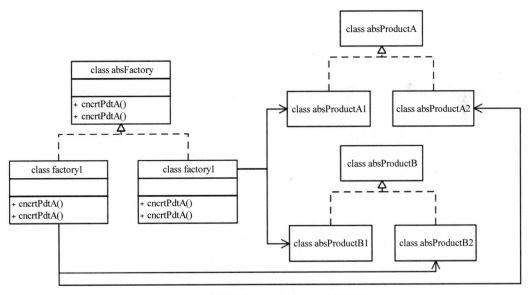

图 5-3　传统抽象工厂模式 UML 的简图

5.2.2　使用C++11实现抽象工厂模式的结构

传统方式的抽象工厂在需要增加产品时需要调整接口,增加新的工厂方法并实现其具体创建逻辑,这些工作都需要延迟到具体业务中。针对不同的业务场景需要进行重写或者修改代码。

通过C++11的元编程技术可以将这项工作独立出来,将创建通用的抽象工厂的相关逻辑实现在工厂模式的类模板中。这样业务程序员就可以将主要的注意力集中在业务实现上,使设计模式的逻辑和业务逻辑解耦。

使用元编程技术实现在编译期构造抽象工厂的具体类型,并和相关的产品类相关联。这种关联的关系是在编译期实现的,是一种静态的抽象工厂模式,并不会造成运行期的负担。

在具体实现中采用可变模板参数来添加产品类型;生产接口使用可变参数的函数模板,可以很灵活地使用不同类型的参数和参数数量,可以提高代码的灵活性和可复用性。C++11元编程抽象工厂模式 UML 的简图如图 5-4 所示。

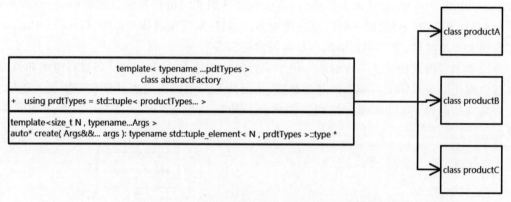

图 5-4　C++11元编程抽象工厂模式 UML 的简图

这种实现方法并没有严格地实现抽象工厂模式的所有内容,但仍符合抽象工厂模式的基本特征,如工厂方法的使用。对于不同类型的对象,使用工厂模式模块中的模板函数 factory()来创建相关的对象,这样客户端代码就不需要知道具体的实现细节了,从而实现了对象的解耦。这也提高了代码的可维护性和可扩展性。

5.2.3　工厂模式的实现和解析

实际实现使用了两种方式,一种是宏;另一种是模板类,其中采用宏实现的方式更加符合抽象工厂的完整概念,但是灵活性相对差一些;使用模板类实现则没有完整实现抽象工厂的内容,但是利用C++11的可变模板参数将生产参数、产品类型和抽象工厂解耦,具有了更好的通用性和灵活性。

(1) 宏实现方式主要通过宏来简化接口和实现两部分的编码方式,并在宏里面封装工厂方法。先看主要代码的第一部分,这一部分中通过宏声明接口类的名称、基础的结构和接口方法定义的宏,在宏 DECLARE_ABSTRACT_FACTORY 的实现中,考虑了因为接口类会作为基类被实现类继承,所以在宏实现中包含一个空的虚析构函数,从而避免在业务中写接口类时忘记编写虚析构函数。宏 ABST_PRODUCT_NAME 用来声明接口方法,这个宏直接将方法声明为纯虚函数,并在每个宏参数前增加"create_"前缀作为新的产品构造方法的名字。在宏中使用可变宏参数,因此一个宏用来声明不同参数表类型的接口。__VA_

ARGS__则是展开的宏参数,在实际使用这个宏时,可变宏参数是实际需要定义接口的参数表的数据类型,代码如下:

```
//designM/absFactory.hpp

#define DECLARE_ABSTRACT_FACTORY(absFactoryName)          \
class absFactoryName {                                     \
public:                                                    \
    virtual ~absFactoryName(){}

#define END_DECLARE_ABSTRACT_FACTORY() };
//声明接口函数,利用可变宏展开可以很方便地实现任意参数数量的接口声明
#define ABST_PRODUCT_NAME(productName, ...)               \
    virtual productName * create_#productName(__VA_ARGS__) = 0;
```

然后是代码的第二部分,这一部分实际上是针对第一部分的接口类型实现的宏工具,在这一步中利用了 5.1 节中的工厂模式定义了接口的实现部分代码。

宏 START_IMPL_ABST_FACTORY 用来声明接口实现类,宏参数 implFactoryName 是实现类的名字。实现类需要继承接口类 abstFactoryName,也就是使用上面声明接口宏声明的接口类,代码如下:

```
//designM/absFactory.hpp

START_IMPL_ABST_FACTORY(implFactoryName, abstFactoryName)
class implFactoryName: public abstFactoryName{
public:

#define END_IMPL_ABST_FACTORY() };
```

PRODUCT_NAME_XX 这个宏函数的操作是用来实现上面定义的虚函数接口,通过连接、可变宏参数实现灵活的函数声明和代码实现部分。在实际的实现代码中有 11 个相似的实现,它们的主要区别在于将 XX 替代为数字,具体的数字代表着可以使用的参数的数量。例如 0 代表实现的接口函数不需要参数,1 代表需要一个参数。宏参数表里面 productType 是实际需要进行生产的产品类型,baseType 是实际需要返回的数据类型,但是进行内存分配时使用 productType,代码如下:

```
//designM/absFactory.hpp

#define PRODUCT_NAME_0(productType, baseType)      \
virtual baseType * create_#baseType() override     \
{                                                  \
    return factory< productType >();               \
}
```

```
#define PRODUCT_NAME_1(productType, baseType, param)      \
virtual baseType * create_#baseType(param p1) override       \
{                                                            \
    return factory< productType >(p1);\
}
```

在这两部分代码中都使用了可变宏和可变宏的展开技巧,通过一个宏可以实现可变参数的接口函数声明。也用宏连接操作"♯"在接口方法和实现方法上添加前缀。

在上述的实现中没有考虑内存安全,为了使用智能指针可以新增接口实现以智能指针管理的产品对象。将上面两部分代码修改为如下代码:

```
//designM/absFactory.hpp

#define ABST_PRODUCT_NAME_SHARED(productName, ...)      \
    virtual std::shared_ptr< productName >\
    create_#productName(__VA_ARGS__) = 0;

#define PRODUCT_NAME_SHARED_0(productType, baseType  ) \
virtual std::shared_ptr< baseType >                          \
create_#baseType() override     \
{                                                                \
    auto ret = factoryShared< productType >();          \
    if(ret){                                                 \
        return std::dynamic_pointer_cast<baseType>(ret);\
    }                                                        \
    return {};                                               \
}

#define PRODUCT_NAME_SHARED_1(productType, baseType, param)\
virtual std::shared_ptr< baseType >\
create_#baseType(param p1) override     \
{                                                            \
    auto ret = factoryShared< productType >(p1);        \
    if(ret){                                                 \
        return std::dynamic_pointer_cast<baseType>(ret);\
    }                                                        \
    return {};                                               \
}
```

代码中使用工厂模式中的模板工厂函数 factoryShared<>()来构造产品,这个工厂函数生成的对象以 std::shared_ptr<>对象返回;std::dynamic_pointer_cast<>()模板函数的功能是将原本的智能指针类型转换为指定的目标类型,这个模板函数要求源类型的智能指针和目标类型的智能指针存在继承关系,其内部实现是基于 dynamic_cast 操作符的。

(2)模板类实现方式。模板类的实现核心是利用 std::tuple 记录了所有产品类型信息,从而灵活地使用不同的产品类型,并利用不同的产品类的构造函数完成产品的生产操作。利用 std::tuple<>模板类保存了产品类型的信息,后面根据实际的索引顺序创建需要的产品。

std::tuple<>是 C++ 标准库中的一个模板类,用于存储一组不同类型的值,并以元组(tuple)的方式对其进行访问和操作。它类似于一个容器,可以将多个不同类型的值组合在一起,形成一个强类型集合,具体可以参考相关的文档。由于在 std::tuple<>中保存了数据类型的相关信息,所以这个模块在远程中非常有用。

在下面的代码中使用可变的模板参数 productTypes,在使用模块时一次性地将所有的产品类型作为模板参数。这些模板参数将作为 std::tuple 的模板参数保存在 std::tuple 中,这里需要注意,所谓的将类型保存在 std::tuple 中是指在编译期保存在 std::tuple 中。在下面的代码中有两个工厂方法 create() 和 createCallback,分别用于在构建裸指针的对象、构建裸指针类型对象后调用回调函数执行进一步的动作。

两个构建的函数均使用推导返回值的方法类确定函数的返回值类型。推导时实际上是根据 std::tuple 指定索引的类型进行处理的。函数的内部使用的是工厂模式的工厂函数方法,代码如下:

```
//designM/absFactory.hpp

template< typename... productTypes >
struct abstractFactory
{
using prdtTypes = std::tuple< productTypes... >;

template< size_t N, typename...Args >
auto create(Args&&... args) -> typename std::tuple_element< N, prdtTypes >::
type *
{
    return factory< typename std::tuple_element< N,
prdtTypes >::type >(std::forward<Args>(args)...);
    }

        template< size_t N, typename...Args >
    auto createCallback(
    std::function< void (std::tuple_element< N, prdtTypes >::type *) > func,
    Args&&... args) -> typename std::tuple_element< N, prdtTypes >::type *
    {
        auto * ret = factory<
    typename std::tuple_element< N, prdtTypes>::type
    >(std::forward<Args>(args)...);

    if(ret && func){ func(ret); }

        return ret;
    }
};
```

首先是代码的开头部分,代码如下:

```
template< typename... productTypes >
struct abstractFactory{
using prdtTypes = std::tuple< productTypes... >;
//...
};
```

这里定义了一个类模板 abstractFactory,它使用可变模板参数 productTypes 来表示可以生产的产品类型。prdtTypes 是一种类型别名,使用 std::tuple 将所有的产品类型管理起来。在代码中利用 std::tuple 包覆了类型表,方便后续使用序号推导出实际的类型。

然后是 create 函数的声明部分,代码如下:

```
template< size_t N, typename...Args >
auto create(Args&&... args) -> typename std::tuple_element< N, prdtTypes >::
type *
{
//...
}
```

这是一个模板函数的声明,它的模板参数包括 size_t N 和可变模板参数 Args。N 表示要创建的产品在元组中的索引位置,在使用时不需要显式传入;Args...表示创建产品时需要传递的参数类型表。

create 函数是产品生产的方法,利用上一节实现的工厂函数实现了产品生产操作,代码如下:

```
return product<pdt_type >(std::forward<Args>(args)...);
```

这行代码的作用是调用 factory 函数来创建对应类型的产品实例。std::tuple_element
<N,prdtTypes>::type 获取了在 prdtTypes 元组中索引为 N 的产品类型,然后将传入的
Args 参数以转发的方式传递给 factory 函数,这样就可以将参数正确地传递给相应类型的产品构造函数。

最后是 create 函数的返回语句,代码如下:

```
auto create(Args&&... args) -> typename std::tuple_element< N, prdtTypes >::type *
{
    using pdt_type = typename std::tuple_element< N, prdtTypes >::type;
    return factory<pdt_type >(std::forward<Args>(args)...);
}
```

考虑生成对象后需要增加初始化的操作动作,可以在 create 函数参数中增加函数对象,将初始化动作放到函数对象中进行处理,代码如下:

```
template< size_t N, typename...Args >
auto create(
    std::function< void (std::tuple_element< N, prdtTypes >::type * ,
    Args&&... > func, Args&&... args
```

```
) -> typename std::tuple_element< N, prdtTypes >::type *
{
    using pdt_type = typename std::tuple_element< N, prdtTypes >::type;
    pdt_type * ret = product<pdt_type >(std::forward<Args>(args)...);
    func(ret,std::forward<Args>(args)...);
    return ret;
}
```

模板函数 createShared<>()用于需要返回 std::shared_ptr 的情况,以这种方式返回的产品对象会利用 std::shared_ptr 提供的内存管理功能,代码会更加安全。

在实际的实现模块中另外还支持 11 种参数数量的宏声明,用来提供更加丰富的宏接口,包含构建智能指针产品的 createShared()方法和 createSharedCallback()方法,提供智能指针对象的接口。

5.2.4 应用示例

(1) 宏实现方式的示例,代码如下:

```
//第 5 章/absFactory.cpp
//先定义需要的类
class a
{
public:
    a(){    std::cout << "a" << std::endl;    }
};
class b
{
public:
    b(){    std::cout << "b" << std::endl;    }
};
class a1 : public a
{
public:
    a1(){std::cout << "a1" << std::endl;}
};
class b1 : public b
{
public:
    b1(int p){std::cout << "b1" << std::endl;}
};
class a2 : public a
{
public:
    a2(){std::cout << "a2" << std::endl;}
};
class b2 : public b
{
public:
```

```
    b2(int p){std::cout << "b2" << std::endl;}
    };
    //这一行声明了一个名字为 myAbsFactory 的抽象工厂
DECLARE_ABSTRACT_FACTORY(myAbsFactory)
    ABST_PRODUCT_NAME(a)                //添加抽象产品类型 a
    //添加抽象产品类型,初始化时需要提供一个 int 类型的参数
    ABST_PRODUCT_NAME(b, int)
END_DECLARE_ABSTRACT_FACTORY()     //结束抽象工厂声明
```

实现抽象工厂 1。声明具体工厂 1,具体工厂是建立在 myAbsFactory 抽象工厂的基础之上的,代码如下:

```
START_IMPL_ABST_FACTORY(implF1, myAbsFactory)
    //添加具体产品,具体产品建立在抽象产品之上
    PRODUCT_NAME_0(a1, a)
    //还是需要指定初始化的数据类型
    PRODUCT_NAME_1(b1, b, int)
END_IMPL_ABST_FACTORY()                   //结束具体工厂声明

//实现抽象工厂 2。以同样的方式声明具体工厂 2,名字是 implF2
START_IMPL_ABST_FACTORY(implF2, myAbsFactory)
    PRODUCT_NAME_0(a2, a)
    PRODUCT_NAME_1(b2, b, int)
END_IMPL_ABST_FACTORY()

int main(void)
{
    //使用抽象工厂 myAbsFactory 定义一个工厂指针
    myAbsFactory   * factory = nullptr;
    enum factoryType{ f1, f2 };                //提供一个选择的枚举对象
    factoryType f;
    f = f2;                                    //选择工厂 f2
    switch(f){                                 //根据选择使用具体的工厂类型
    case f1:factory = new implF1; break;       //使用具体工厂 1
    case f2:factory = new implF2;              //使用具体工厂 2
    }
    //使用抽象接口生产产品
    a * pA = factory->create_a();
    b * pB = factory->create_b(12);
    delete factory;
    delete pA;
    delete pB;
    return 0;
}
```

这段代码使用了前面提到的抽象工厂模式来创建具体产品。首先定义了 a 和 b 两个基类,并派生出具体产品 a1、a2、b1、b2,然后通过宏定义的方式声明了抽象工厂 myAbsFactory 及

抽象产品 a 和 b。接下来使用另外两个宏定义的方式实现了具体工厂 implF1 和 implF2,并在其中分别指定了具体产品的映射关系。在 main()函数中根据需要选择具体工厂的类型,并通过抽象工厂的指针调用对应地创建函数来创建产品。

运行这段代码,输出结果取决于具体选择的工厂类型,可以是以下两种情况中的一种。

使用具体工厂 implF1,输出如下:

```
a
a1
b
b1
```

使用具体工厂 implF2,输出如下:

```
a
a2
b
b2
```

(2)使用模板类抽象工厂。假设有两种不同的产品:ProductA 和 ProductB,它们都是抽象基类 AbstractProduct 的派生类。现在需要创建一个工厂,根据输入的类型来创建相应的产品。

首先定义具体的产品类 ProductA 和 ProductB,它们都继承自 AbstractProduct,代码如下:

```cpp
//第 5 章/absFactory2.cpp

class AbstractProduct {
public:
    virtual void printInfo() = 0;
};
class ProductA : public AbstractProduct {
public:
    void printInfo() override {
        std::cout << "This is ProductA" << std::endl;
    }
};
class ProductB : public AbstractProduct{
public:
    void printInfo() override {
        std::cout << "This is ProductB" << std::endl;
    }
};
```

接下来可以定义一个工厂类 MyFactory,通过继承 abstractFactory 来使用抽象工厂模式,代码如下:

```cpp
//第 5 章/absFactory2.cpp

class MyFactory : public abstractFactory<ProductA, ProductB>{
```

```
public:
    template <typename... Args>
    static AbstractProduct * createProduct(int type, Args&&... args) {
        if(type == 0)
            //对第 1 个产品执行创建动作
            return create<0>(std::forward<Args>(args)...);
        else if(type == 1)
            //对第 2 个产品执行创建动作
            return create<1>(std::forward<Args>(args)...);
        else
            return nullptr;
    }
};
```

在 MyFactory 中定义了一个静态成员函数 createProduct,它接收一种类型参数 type 和可变参数 args,并根据 type 的值来调用相应的产品创建函数。

现在可以使用 MyFactory 来创建不同类型的产品实例,代码如下:

```
//第 5 章/absFactory2.cpp

int main()
{
    AbstractProduct * productA = MyFactory::createProduct(0);
    productA->printInfo();   //输出: This is ProductA
    AbstractProduct * productB = MyFactory::createProduct(1);
    productB->printInfo();   //输出: This is ProductB
    delete productA;
    delete productB;
    return 0;
}
```

在上面的示例中通过调用 MyFactory::createProduct 并传入不同的类型参数来创建不同类型的产品实例,然后可以通过调用产品实例的成员函数来执行特定的操作。

5.3 单例模式及其实现

单例模式的主要目的是确保一个类只能创建一个实例,并提供一个全局访问点以获取该实例。这种模式通常用于需要全局唯一的对象,例如配置文件管理器、日志记录器等。

在单例模式中类的构造函数被私有化,以防止外部直接创建实例,而通过一个静态方法获取该类的唯一实例。在获取实例时如果实例不存在,则创建一个新实例并返回;如果实例已存在,则直接返回已有的实例。这种方式可以确保在整个程序中只有一个实例存在。

单例模式有两种类型,即懒汉式和饿汉式。懒汉式是在第 1 次使用时构建对象的方式,饿汉式是在类加载时就创建对象。

5.3.1　单例模式传统结构

在传统的设计模式资料中单例模式通常采用图 5-5 的形式描述结构。程序在开发过程中将单例模式的实现和业务的实现合并在一起。代码的通用性、安全性和可维护性因人而异，又平白增加了编程工作。

使用传统方式实现通常是一个对象在内部封装一个单例模式，这种实现方式和业务高度耦合。造成针对不同的单例需求都需要进行类似的重复编码，代码的通用性比较差，特别是单例模式主要的差异在于参数的数量和类型上，这样的编码工作是对开发时间的严重浪费。

在 singleton 类中的静态 instance 用于获取实例对象或者创建实例对象，如图 5-5 所示。在实际开发中通常将单例模式的代码和具体的对象在一起编码。单例模式本身和业务对象是一种强耦合的关系。

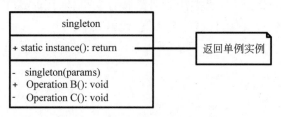

图 5-5　传统单例模式 UML 简图

5.3.2　C++11模板实现的单例模式结构

在本书中实现的单例模式实际上是懒汉式的一个实现。利用C++11的强大表述能力和元编程技巧在编译器层面进行类型检查，将单例模式的实现独立出来，并提供通用的接口和实现方式。这样做可以避免编写单例代码时执行重复性工作，统一接口，方便独立维护，并提高代码质量，单例模式的实现和实际的业务代码相互解耦并独立维护，能够减少开发的重复工作量。

将单例模式的实现独立出来，并提供通用的接口和实现方式，可以避免重复编写单例代码，减少代码冗余，并提高代码的可读性和可维护性。这样的设计也能够统一单例的使用方式，方便团队成员之间进行协作，并且代码可以复用。

create()函数和 get()函数分别用于创建对象和获取对象，如图 5-6 所示，其中 create()方法会检查是否已经创建了对象，如果创建了对象，则直接返回对象，否则就创建对象，但是 get()方法仅仅返回对象指针，如果对象没有创建，则返回空指针。

5.3.3　实现和解析

本书中的实现采用模板类作为单例模式的实现模式。模板参数作为实际要创建的对象

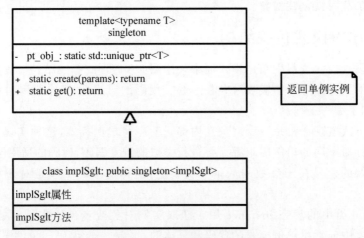

图 5-6　C++11模板类 UML 简图

类型。使用了 std::unique<>智能指针类型存储对象指针,同时这个指针也是以静态类型保存的,从而保证了整个进程中只有一个实例,代码如下:

```
//designM/singleton.hpp

template< typename typeName >
class singleton
{
public:
using T = typename std::remove_pointer<
typename std::decay< typeName >::type >::type
static_assert(std::is_class< T >::value, "");
```

这是一个模板声明,定义了一个模板类 singleton。模板参数 typeName 是要进行单例化的具体类型,而 T 是通过 std::decay<>和 std::remove_pointer<>元函数处理后的简单类类型,使用 static_assert 调用元函数 std::is_class<>::value 进行检查来确保 T 是一个类类型,如果不满足要求,则在编译过程中就会报出错误信息。

在类的定义中使用了 std::decay<>和 std::remove_pointer<>,从而可以扩大类的通用性。假定已有类 a,通过 a 定义了数据类型 obj 和常量指针 ptr,可以通过推导 ptr 类型来初始化单例模式,代码如下:

```
struct a
{
    a(int){ std::cout << param << std::endl;}
};
a obj(10);
const a * ptr = a;
//通过推导生成单例模式类型
using mysingleton = singleton< decltype(ptr) >;
```

std::decay<>元函数会移除 const 修饰符,std::remove_pointer<>元函数会移除指针类型,最后保留 a 的原始类型,用原始类型定义变量。通过这种方式可以很安全地对已有变量进行初始化,大大地方便了编码并提高了代码的安全性,同时因为可以通过变量推导出类型,使新的变量和参考的变量之间的逻辑关系更加清晰,代码如下:

```
//designM/singleton.hpp

class singleton
{
protected:
    //实际的对象指针,使用 static 保证内存中只有一个对象
    static std::unique_ptr<T> pt_obj__;
protected:
    singleton(){}
public:
    singleton(const singleton&) = delete;          //移除复制构造函数
    singleton(singleton&&) = delete;               //移除右值引用构造函数
```

静态成员变量 pt_obj__是一个指向 T 类型对象的 std::unique_ptr,通过这种方式保证只有一个对象实例。

构造函数是 protected 访问修饰符,这样可以防止直接实例化 singleton 类,只能通过 create()函数创建单例对象。复制构造函数和移动构造函数被删除,确保只有一个实例存在。

create 用于创建单例对象。它接收任意数量的参数,并使用完美转发将这些参数传递给 T 类型的构造函数。首先,检查 pt_obj__ 是否已经被初始化,如果是,则返回现有的对象。如果没有被初始化,则将尝试为新对象分配内存,并使用提供的参数进行初始化。如果内存分配失败,则将捕获 std::bad_alloc 异常并打印错误消息。最后,返回指向单例对象的指针,代码如下:

```
//designM/singleton.hpp

template<typename ...Args> static T *
create(Args&&... args)
{
    //如果对象存在,则再执行创建操作返回的已有对象
    if(pt_obj__) return pt_obj__.get();

    try {
        pt_obj__.reset(new T(std::forward<Args>(args)...));
    } catch(std::bad_alloc& e) {
        std::cerr <<e.what()<< std::endl;
    }
    T * ret = pt_obj__.get();
    return ret;
}
```

create()函数没有针对对象初始化过程进行控制,通过函数对象的方式来控制初始化过程,将 create 修改为如下代码:

```cpp
template<typename ...Args> static T *
create(std::function< void (T *, Args&&...) > func, Args&&... args)
{
    if(pt_obj__) return pt_obj__.get();
    //如果对象存在,则再执行创建操作返回的已有对象
    try {
        pt_obj__.reset(new T(std::forward<Args>(args)...));
        //生成对象后执行回调函数,在回调函数中可以针对对象进行额外处理
        func(pt_obj__.get(), std::forward<Args>(args)...);
    } catch(std::bad_alloc& e) {
        std::cerr <<e.what()<< std::endl;
    }
    T * ret = pt_obj__.get();
    return ret;
}
```

这是一个获取单例对象的函数。它简单地返回了指向当前单例对象的指针。如果 pt_obj__并不存在,则返回的也是空指针,代码如下:

```cpp
static T * get()
{
    return pt_obj__.get();
}
```

接下来需要处理 pt_obj__的实例化问题,通过宏定义可以很方便地达到这个目的,代码如下:

```cpp
#define IMP_SINGLETON(type) template<> std::unique_ptr<type>
    singleton<type>::pt_obj__ = {}
```

它为特定类型 type 实例化了 std::unique_ptr 对象,并将其赋值给 pt_obj__。这个宏必须在业务代码实现的开头中使用,否则在连接过程会报出错误。

5.3.4 应用示例

在下面的例子中,利用 CRTP 的方式实现一个使用示例。这是一种在 C++ 模板编程中的一贯用法,把派生类作为基类的模板参数。通过在派生类中继承模板基类,实现了静态多态性。CRTP 模式允许派生类从模板基类中继承静态成员函数和类型,并且可以利用派生类的具体类型来定制基类的行为。

先定义一个 Demo 类,它继承自 singleton 模板类。通过 create()函数创建 Demo 对象时会检查是否已经存在一个单例对象。如果没有,则创建一个新的单例对象,否则返回已经存在的对象的指针。同时,利用 IMP_SINGLETON 宏来实现一个静态的 singleton<Demo>智能指针变量,以实现 Demo 类的单例模式,代码如下:

```
//第 5 章/singleton.cpp

//定义一个 Demo 类,继承自 singleton 类
class Demo : public singleton<Demo>
{
public:
    Demo(int x) : data(x) {}
    void print() const
    {
        std::cout << "Demo object created with data = " << data << std::endl;
    }
    int data;
};
```

利用 IMP_SINGLETON 宏,特化 singleton 类模板,以实现 Demo 类的单例模式。IMP
_SINGLETON 在全局范围内定义了一个变量智能指针,但并没有对定义的智能指针分配
内存和实例化单例对象。如果要实例化单例对象,则需要调用 create()函数来完成,代码
如下:

```
IMP_SINGLETON(Demo)
```

在下面的代码中 Demo::create()方法实现对单例对象的实例化操作。create()函数是
一个工厂函数,在单例模式的模板类中定义并实现,因为 Demo 类继承了单例模式,所以这
里使用 Demo 类作用域来调用 create()函数进行实例化,代码如下:

```
//第 5 章/singleton.cpp

int main()
{
    try {
        //创建 Demo 单例对象
        Demo * demo = Demo::create(42);
        demo->print();
    } catch (const std::exception& e) {
        std::cerr << e.what() << std::endl;
        return 1;
    }
    return 0;
}
```

5.4　生成器模式及其实现

生成器模式(Builder Pattern)提供了一种简单、灵活的方式来构建复杂对象。在开发
过程中经常会遇到需要创建具有多个属性和多个组成部分的复杂对象的情况。如果直接在

对象类中定义所有的属性和构造方法,则会导致对象类变得臃肿且难以维护。此时,生成器模式可以很好地解决这个问题,生成器模式的重点是控制构建步骤。

生成器模式将对象的创建过程分解为多个步骤,并提供一套通用的接口,使生成器对象可以独立地创建对象的每部分。使用一个指挥者来指导生成器的构建步骤,最终构建出完整的对象。

生成器模式的优点:①将对象的构建过程解耦,使构建算法可以独立于具体的产品类;②易于扩展和修改生成器的构建步骤,可以通过继承或扩展生成器类实现;③可以对构建过程进行精细控制,满足不同的构建需求。

生成器模式适用于以下场景:①当对象的构建步骤较为复杂且需要灵活配置时,可以使用生成器模式;②当需要创建多个相似对象时,可以使用生成器模式来减少重复代码;③当构建算法需要从不同的部分组装对象时,可以使用生成器模式来统一构建过程。

5.4.1 传统结构

传统结构的生成器模式的核心组成部分包括产品类(Product)、抽象生成器类(Builder)、具体生成器类(Concrete Builder)和指导者类(Director)。

(1)产品类是要创建的复杂对象。通常,这个类包含许多属性,并且构造函数的参数列表可能很长。

(2)抽象生成器类是一个抽象类或者接口,定义了用于创建产品的各个部件的接口。通常,这个接口包含了一系列方法,每种方法都对应产品的一个属性。

(3)具体生成器类用于实现生成器接口,负责构建产品的具体部分,在其中实现了创建产品的具体实现,是对抽象生成器的继承。

(4)指挥者类负责使用生成器来构建产品。指挥者并不直接和具体生成器类交互,而是通过抽象生成器接口来交互的。这使指挥者可以与任何实现了该接口的具体生成器一起工作,从而实现了系统的解耦。

传统生成器模式 UML 的简图如图 5-7 所示,director 是指导者类,build 是抽象建造者类,cncrtBuilder 是具体生成器类。

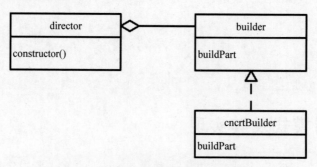

图 5-7 传统生成器模式 UML 的简图

5.4.2　C++11的模板实现结构

本书实现的生成器模式使用C++11元编程技术以模板递归的方法为主,分为指导者模块、产品抽象接口模块和产品递归继承模块。

在 product 模板中通过递归继承获取每个部件的特性,也通过可变模板参数将每个部件记录在 product 中,这也是一种编译期组合的方式,如图 5-8 所示。

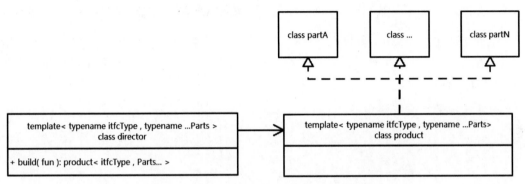

图 5-8　C++11模板类生成器模式 UML 简图

在 director 中通过在 build 方法中调用回调函数来控制部件的构建方式。在回调函数中会将所有的部件执行继承后的类型作为参数传递出去,由建造者模式外部执行具体操作。

通过可变模板参数和递归机制,可以轻松地构建复杂的对象,而无须修改现有代码。只需添加新的部分类模板作为参数。

将对象创建的过程封装在 director 类中,用户只需调用 build 函数便可以得到构建完成的对象。具体的构建逻辑和内部实现对用户是透明的。

director 的 build 函数接受一个用户自定义的回调函数,用户可以在构建对象的过程中添加自己的逻辑和设置,灵活性更高,适应性更强。

这样设计的好处是不需要根据产品部件类型定义需要的接口类,也不需要针对每个部件特别是已有代码进行修改、增加或者调整接口函数。通过制定模板参数进行多重继承可以很容易地完成部件的组合操作。

需要注意的是,这个模块使用多重继承方法可能会导致在实际使用时遇到不同部件之间的名称冲突问题,当遇到这样的问题时可以使用域操作符“::”来显式地指定具体的接口。

5.4.3　实现和解析

生成器使用了模板参数递归展开的方式进行多重继承处理。C++11的类模板递归是一种通过嵌套类模板实现递归的技术。它可以在类模板内定义一个或多个嵌套类模板,通过递归调用这些嵌套类模板实现更加复杂的功能。

类模板递归的实现通常包括两方面:递归终止条件和递归调用。

首先,定义一个主类模板,其中包含递归的终止条件。这个终止条件可以是特化版本的类模板,也可以是特化版本的类成员变量或函数,然后在主类模板内定义一个或多个嵌套类模板,用于递归调用。在每个嵌套类模板中,可以使用主类模板的成员变量或函数,并继续嵌套调用自身,从而实现递归。

模板类 product 类表示产品对象。该类有两个模板参数 itfcType 和 Parts,分别表示产品的接口类型和组件列表。后续对这个模板进行特化,从而形成递归和终止条件。itfcType 是最终产品操作的接口定义,方便业务程序访问产品的操作,代码如下:

```
template< typename itfcType, typename... Parts > class product{};
```

下面是特化的 product 类模板,该模板有 3 个模板参数 itfcType、Part1 和 Parts,用于表示至少有两个以上组件的产品。在这个特化的模板中,使用继承方式将各个组件拼接在一起,使产品具有各个组件的功能,代码如下:

```
//designM/builder.hpp

template< typename itfcType, typename Part1, typename... Parts >
class product<itfcType, Part1, Parts... > :
    public Part1, public product< itfcType, Parts... >
{
public:
    virtual ~product(){}
};
```

最后定义只有一个模板参数 itfcType 的 product 类模板,用于表示只有一个组件的产品。在这个特化的模板中,产品类直接继承了接口类 itfcType,表示产品只有一个组件。这个是模板递归的终止条件,也就是最后生成一个部件时针对这一个部件进行继承操作,代码如下:

```
//designM/builder.hpp

template< typename itfcType >
class product<itfcType>: public itfcType{
public:
    virtual ~product(){}
};
```

product 模板类规定了产品的零部件,但是并没有规定产品的生产方式。这部分功能将放在 director 中实现。

模板类 director 是构建器对象,用于创建产品对象。该类有两个模板参数 itfcType 和 Parts,表示产品的接口类型和组件列表。

在 director 类中别名 product_t 表示具体产品类的类型,是 product 模板进行全特化约束产品的部件构成的实现。product_t 根据输入的部件类型,在编译器进行递归继承,最后形成一个继承了所有部件的类型。

静态成员函数 build()用于创建产品对象。该函数接受一个名为 fun 的函数对象作为参数,用于设置产品对象的具体属性,控制建造规范和过程。在 fun 中进一步地明确产品的生产方式和过程,这是这个函数扮演者 director 的实际操作。

在函数内部,首先创建一个 std::shared_ptr 类型的指针 pt_product,指向具体产品类的对象,代码如下:

```cpp
//designM/builder.hpp

template< typename itfcType, typename... Parts >
class director
{
public:
    using product_t = product< itfcType, Parts... >;
public:
    static std::shared_ptr< product_t >
    build(std::function< void (std::shared_ptr< product_t >) >fun)
    {
        std::shared_ptr< product_t >   pt_product;
        pt_product.reset(new product_t);
        if(fun){
            fun(pt_product);
        }
        return pt_product;
    }
};
```

通过这个建造者模式,可以根据不同的组件列表和接口类型,灵活地构建不同的产品对象,并通过传入的函数对象对产品属性进行定制。这样可以提高代码的复用性和可扩展性。

通过回调函数的方式虽然能够灵活地控制建造过程,但是程序结构不清晰;因此对建造方式提供一个接口加实现的方式,对代码进行修改,使用宏 BUILD_USE_DIR_ITFC 来选择使用回调函数还是接口方式,如果使用接口方式,则需要实现虚函数 build。

在 director 模板参数中增加接口参数并从接口继承。在使用时具体应用从 director 继承并实现 build 纯虚函数,代码如下:

```cpp
#if BUILD_USE_DIR_ITFC == 1
struct dir_base_itfc{};
```

接口模板类模板参数 pdtItfcType 是产品接口类型,用来返回构建对象的指针;可变模板参数 Params 用来规定接口函数的参数类型,代码如下:

```cpp
//designM/builder.hpp

template< typename pdtItfcType, typename ...Params >
struct directorItfc : public dir_base_itfc
{
    virtual std::shared_ptr<pdtItfcType> build(Params&& ... args) = 0;
};
```

```
#endif

template<
#if BUILD_USE_DIR_ITFC == 1
    typename DIR_T
#endif
    typename pdtItfcType, typename... Parts >
class director
#if BUILD_USE_DIR_ITFC == 1
    public DIR_T
#endif
{
...
```

通过 static_assert 检查接口模板类型是否从指定渠道实现,使用 std::is_base_of<>元函数来判断继承关系,如果不满足,则返回值为 false,代码如下:

```
#if BUILD_USE_DIR_ITFC == 1
    static_assert(std::is_base_of< dir_base_itfc, DIR_T >::value, "")
#endif
```

由于 product 使用多重继承实现,所以可能存在名字冲突的情况。如果使用时不能保证名字安全,则在名字冲突后需要增加作用域名来明确指定具体方法。可以使用 std::tuple 来管理部件,修改 product 部分代码,修改后的代码如下:

```
//designM/builder.hpp

#include <tuple>
template< itfcType, typename ...Parts >
class product
{
protected:
    std::tuple< Parts... >   m_parts__;
public:
    virtual ~product(){}

    template< int N >
    auto get()->decltype(typename std::tuple_element< N, prdtTypes >::type)
    {
        return std::get< N >(m_parts__);
    }

    template< int idx, typename PART_TYPE >
    void set(PART_TYPE param)
    {
        std::get< idx >(m_parts__) = param;
    }
};
```

product 类使用 std::tuple 类作为保存部件的容器,既能够保持部件的数据类型又能保存部件数据。此外采用 std::tuple 最好收益是避免了多重继承带来的名字冲突问题。

在这种实现方式下,product 类中的成员变量通过 std::tuple 进行存储,其具体部件类型通过模板参数 Parts 来指定。

在 product 类中 get()方法用于获取特定索引位置的成员变量的值。get()方法接收一个模板参数 index,表示要获取的成员变量的索引位置。通过 std::get()函数和 index 作为模板参数,可以在编译时确定要获取的成员变量的位置,并返回该成员变量的值。

另外,product 类还提供了一个 set()方法,用于设置特定索引位置的成员变量的值。set()方法接收两个参数,一个是用于指定成员变量的索引位置的模板参数 index,另一个是要设置的成员变量的值。通过 std::get()函数和 index 作为模板参数,可以在编译时确定要设置的成员变量的位置,并将其设置为指定的值。

在实际的模块实现中使用宏控制两种方式的实现,在实际开发中可以根据自己的业务情况进行选择。

5.4.4　应用示例

下面的示例模拟汽车的生产过程,函数对象 buildProcess 负责处理建造过程。组件类 Engine、Body 和 Wheels 代表汽车的 3 种部件。每个部件类都具有一个成员函数,分别用于启动引擎、塑造车身和轮子滚动。

产品类型 CarBase 对应 product 模板类型 itfcType,该类通过 product 模板特化定义,模板参数分别指定了产品类型 carItfc 和组件类型 Engine、Body 和 Wheels。

构建指导者类型 CarDirector 是从 director 模板类特化定义的,指定了产品类型 carItfc 和组件类型 Engine、Body 和 Wheels。

在 main()函数中,通过调用 CarDirector::build()函数来构建汽车产品对象,并传入构建函数对象 buildProcess 作为参数。如果成功地构建了汽车对象,则输出"Car build successfully!"并调用汽车对象的 drive()函数;如果构建过程中出现错误,则输出"Failed to build car.",代码如下:

```cpp
//第 5 章/builder.cpp

#include <iostream>
#include <memory>
#include <functional>
#include "designM/builder.hpp"
using namespace wheels;
using namespace dm;
//定义组件类
class Engine
{
public:
    void start() {
```

```cpp
        std::cout << "Engine started." << std::endl;
    }
};
class Body
{
public:
    void shape() {
        std::cout << "Body shaped." << std::endl;
    }
};

class Wheels
{
public:
    void roll() {
        std::cout << "Wheels rolled." << std::endl;
    }
};

class carItfc
{
public:
    void drive() {
        std::cout << "drive to hill " << std::endl;
    }
};
//定义产品类型
using CarBase = product<carItfc, Engine, Body, Wheels>;

int main()
{
    //定义构建指导者
    using CarDirector = director<carItfc, Engine, Body, Wheels>;
    //构建函数,用于指导构建过程
    std::function<void(std::shared_ptr<CarBase>)>
      buildProcess = [](std::shared_ptr<CarBase> car) {
        //在这里可以自定义构建过程
        car->Engine::start();
        car->Body::shape();
        car->Wheels::roll();
    };
    //构建汽车产品
    std::shared_ptr<CarBase> myCar = CarDirector::build(buildProcess);

    if (myCar) {
        std::cout << "Car build successfully!" << std::endl;
```

```
    myCar->drive();
    } else {
        std::cout << "Failed to build car." << std::endl;
    }
    return 0;
}
```

在上面所提供的示例代码中没有明确展示是使用 std::tuple 作为产品部件的存储方式，还是使用递归继承的方式来构建复杂对象。这两种方式在生成器模式中都有应用，并各有其优缺点。

使用 std::tuple 的方式，可以将产品的各部分作为一个元组来存储。这种方式的好处是简单直观，并且不需要为每部分定义额外的类或接口，然而，如果产品的部件数量较多或部件之间的关系较为复杂，则使用 std::tuple 可能会导致代码的可读性和可维护性下降。

递归继承的方式则通过在生成器类之间建立继承关系来构建产品。这种方式的好处是可以更好地模拟产品的各个部件之间的层次结构和关系，但是，递归继承也可能导致类的层次结构过于复杂，增加了代码的理解难度。

因此，在实际开发中，读者应根据项目的具体需求、团队的技术栈及个人的编程习惯来选择合适的实现方式。如果项目的复杂性较低，并且更注重代码的简洁性，则 std::tuple 可能是一个不错的选择。如果项目的复杂性较高，并且需要更好地模拟产品的层次结构和关系，则递归继承可能更合适。

5.5　原型模式及其实现

原型模式（Prototype Pattern）是一种使用原型实例指定待创建对象的类型，并通过复制这个原型对象来创建新的对象，即通过复制已有的对象进行创建，而不是通过 new 关键字来创建对象。这种方式既能够提高对象的创建效率，又能够提供更多的灵活性。

原型模式的核心是原型类（Prototype），其中定义了一个克隆方法，用于创建当前对象的副本。在实际使用中，可以通过实现 Cloneable 接口来标记该类是否可以进行克隆操作。原型类还可以定义一些属性和方法，这些属性和方法会被复制到克隆对象中。

使用原型模式的主要优点是可以简化对象的创建过程，提高创建对象的效率，同时还可以提供更灵活的对象复制方式。当需要创建的对象比较复杂或者需要频繁创建对象时，原型模式是一个很好的选择。

原型模式存在深复制和浅复制的区别。浅复制不会完整地复制对象内容，实际上是复制一个原对象的引用；深复制则会完整地复制对象的所有内容。在本书的实现中实际利用的是复制构造函数或者复制赋值实现的，具体深浅的区别则依赖于这两个函数的实现方式。

5.5.1　传统原型模式

传统的原型模式主要通过定义一个基础的 clone 类实现，新的类需要继承并实现其中的 clone 接口。采用这种方式需要在运行期处理虚函数表,此外需要编写 clone()方法。这种方式主要存在虚函数调用,在运行期会有一定的效率影响;在编写代码中额外地增加了新的接口,从而造成变量的增加,以及内存及初始化流程处理过程中出现错误的可能性,如图 5-9 所示。

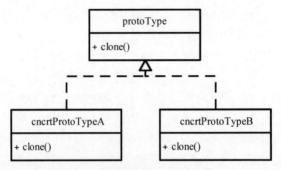

图 5-9　传统原型模式 UML 简图

一般情况下传统方式通过接口继承实现在实际的工程需求中进行直接编码,需要针对所需要的对象进行编码操作。这样的原型模式虽然能够解决实际的问题,但是并没有形成一个可以通用的模块,每个新的项目都需要进行重新编码,这是一种非常低效率的开发方式。

5.5.2　C++11模板实现的原型模式

采用C++11的模板技术对原型模式进行改进,将 protoType 分离出来,并在编译期间完成原型的实现。通过复制构造函数实现复制操作,这样在所有需要使用运行模式的场景中,就无须在具体类中添加额外的代码。

通过这个设计将原型模式的实现从业务代码中分离出来。只要业务代码支持复制构造就可以利用这个模板实现 clone 操作,如图 5-10 所示。

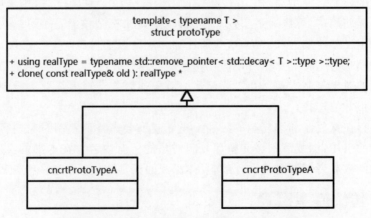

图 5-10　C++11模板类原型模式 UML 简图

5.5.3 实现和解析

在这个模块的实现中主要利用复制构造实现 clone()函数,利用模板类的特性将复制操作从接口中独立出来。这样在具体类中就不需要考虑 clone()函数的实现了。

使用元函数 std::decay<>和元函数 std::remove_pointer<>提高代码的复用性。使用 static_assert 用来检查传入的类型参数是否是类并且支持复制构造函数。如果不是类或者不支持复制构造,则在编译期就会报错。

在 clone()函数中针对内存分配失败已经进行了处理,如果内存分配失败,则会返回空指针。如果在实际类中还会有其他的异常被抛出,则需要在业务代码中进行处理,代码如下:

```cpp
//designM/protoType.hpp

template< typename T >
struct protoType
{
public:
    using realType = typename std::remove_pointer< std::decay< T >::type >::
type;
    static_assert(std::is_copy_constructible<realType>::value
            && std::is_class< realType >::value, "");

    realType * clone(const realType& old) const {
      realType * ret = nullptr;
      try{
        ret = new realType(old);
      }catch(std::bad_alloc& e){
        if(ret){
            delete ret;
            ret = nullptr;
        }
        std::cout << e.what() << std::endl;
      }
      return ret;
    }
};
```

需要注意的是,由于该函数返回的是裸指针,所以需要在适当的时候进行内存释放,以防止内存泄漏。另外这个模块并没有实现复制控制操作,不能针对复制进行精准控制。读者若需要这部分功能,则可以自行实现相对应的 clone()函数重载,在调用时传入函数对象。具体操作则在函数对象中进行处理。需要注意的是,在这个实现中深浅复制是不明确的,析构函数中要特别针对判断,避免在使用浅复制时处理不当而造成内存的重复释放。

利用模板函数同样能够实现相对应的功能。和以类实现的方式相比,模板函数的实现方式是通过中间模板参数完成元函数相关操作,代码如下:

```
//designM/protoType.hpp

template< typename T,
        typename midType = typename std::decay< T >::type,
        typename midType2 = typename std::remove_pointer< midType >::type,
        typename realType = typename std::enable_if<
                std::is_copy_constructible<midType2>::value &&
                std::is_class< midType2 >::value, midType2 >::type>
realType * clone(const realType& old)
{
realType * ret = nullptr;
try{   //利用复制构造函数进行复制操作
    ret = new realType(old);
}catch(std::bad_alloc& e){
    std::cout << e.what() << std::endl;
      if(ret){
        delete ret;
        ret = nullptr;
      }
}
return ret;
}
```

这个模块利用元编程技术将原型模式本身和业务代码进行解耦,可以帮助程序员集中精力开发与业务相关的内容,并且因为原型模式独立,所以可以方便地针对原型模式的细节进行调整。

上面两个实现所实现的深浅复制的方式是不明确的。实际的复制操作如果是深复制,则以深复制运行,如果以浅复制的方式实现了复制构造函数,则以浅复制运行。采用深复制方式容易造成内存的浪费和运行效率下降;使用浅复制容易造成析构函数处理的重复释放的潜在错误。

为了能够提高安全可以考虑使用 std::shared_ptr 实现可控的浅复制操作,代码如下:

```
//designM/protoType.hpp

template< typename T,
        typename midType = typename std::decay< T >::type,
        typename realType = typename std::remove_pointer< midType >::type>
std::shared_ptr<realType> clone(std::shared_ptr<realType> old)
{
    std::shared_ptr<realType>  ret;

if(!old) return {};
    std::weak_ptr<realType> wkptr(old);
    if(wkptr.expired()) return {};
    ret = wkptr.lock();
return ret;
}
```

　　代码中使用 std::weak_ptr 模板类为中介,既不需要对象支持复制构造,也不需要对对象分配新的内存。使用 std::weak_ptr 模板类重新生成一个 std::shared_ptr<>对象,而不会改变旧对象的应用计数。使用这种方式要特别注意,如果旧对象内存已被释放,则会造成新的克隆出来的对象无效。为了解决这个问题,可以使用一种非常简单的方式,代码如下:

```
//designM/protoType.hpp

template< typename T,
        typename midType = typename std::decay< T >::type,
        typename midType2 = typename std::remove_pointer< midType >::type,
        typename realType = typename std::enable_if<
            std::is_copy_constructible<midType2>::value &&
            std::is_class< midType2 >::value, midType2 >::type>
std::shared_ptr< realType > cloneShared(const realType& old)
{
    auto ret = std::make_shared<realType >(old);
    return ret;
}
```

　　模板函数 cloneShared()的功能是创建一个给定对象的深复制,并返回这个深复制的 std::shared_ptr。利用 C++ 的模板元编程来确保类型安全,并只允许那些满足特定条件的类型被用于这个函数。

　　函数的参数是一个常量引用 const realType& old,其中 realType 是一个通过模板参数推导出来的类型,它必须是一个可复制构造的类类型。函数通过 std::make_shared<realType>(old)创建了一个新的 realType 对象,该对象是 old 的深复制。

　　std::shared_ptr 是一个智能指针,它允许多个 shared_ptr 实例共享同一个对象的所有权。当最后一个指向对象的 shared_ptr 被销毁或重置时,对象本身也会被自动销毁。这有助于管理对象的生命周期,特别是在需要多个所有者共享同一个对象时。

　　函数 cloneShared()同样需要对象支持复制构造函数,但是构造的效率会更高,对内存的管理也会更加安全。

5.5.4　应用示例

　　在下面的示例中首先定义了 ExampleClass 类型,其中显式地定义了复制构造函数。在一些简单的类中可以直接使用默认的复制构造函数,但是为了使代码更具可读性,一般应该显式地定义构造函数,代码如下:

```
//第 5 章/prototype.cpp

class ExampleClass
{
public:
    ExampleClass(int data) : mData(data) {}
```

```
        ExampleClass(const ExampleClass& b):mData(b.mData){}
        void display() const {
            std::cout << "Data: " << mData << std::endl;
        }
    private:
        int mData;
    };
```

在 main 函数中利用模板特化实现了一个原型模式的实例。example 是源实例，clonedExample 是目标实例指针，并通过 prototype.clone(example)进行复制初始化，主程序如下：

```
//第 5 章/prototype.cpp

int main()
{
    //创建原型对象
    protoType<ExampleClass> prototype;
    //创建原对象
    ExampleClass example(100);
    //克隆对象
    ExampleClass * clonedExample = prototype.clone(example);
    //显示原对象和克隆对象
    example.display();
    clonedExample->display();
    //释放内存
    delete clonedExample;
    return 0;
}
```

运行结果如下：

```
Data: 100
Data: 100
```

通过这个示例程序可以看出利用原型模式可以方便地创建和克隆对象，并且克隆出的新对象与原对象具有相同的属性值。这样就避免了重新构建对象或者复制对象属性的烦琐过程。

下面是利用函数模板实现的一个示例，相比以模板类实现，此方式不需要对原型模式进行实例化，使用起来会更加方便。

5.6 本章小结

在本章中详细探讨了 5 种常用的创建型设计模式，包括工厂模式、抽象工厂模式、单例模式、生成器模式和原型模式。这些模式在解决对象创建的问题上各有其独特的设计思路和方法。

首先深入研究了工厂模式。工厂模式通过封装对象的创建过程,使创建对象的逻辑与使用对象的逻辑解耦,提高了代码的可维护性和可扩展性,主要通过类型萃取和利用构造函数实现。

其次,抽象工厂模式是工厂模式的升级版,它允许创建一系列相关或互相依赖的对象而不指定其具体类。这个模块采用了两种方式实现,一是使用宏;二是使用 std::tuple 来管理。

然后讲解了单例模式。单例模式确保一个类只有一个实例,并提供了一个全局访问点,主要使用了静态变量和调用构造函数的方式实现。

接着探讨了生成器模式。生成器模式是一种创建型设计模式,允许通过一个步骤一个步骤的方式创建对象,而不是一次性创建所有对象。生成器模式的实现主要通过回调函数即产品生产函数实现。

最后介绍了原型模式。原型模式是一种创建型设计模式,它允许通过复制现有对象来创建新对象,而无须指定其具体类。C++11元编程对原型模式的实现主要通过调用复制构造和利用智能指针实现浅复制实现。

在每个设计模式模块实现讲解之后,提供了一个使用示例,帮助读者理解和使用这些模板。更进一步,读者可以根据自己的需要修改这些模板以使其功能更加丰富,代码更加安全。

结构型模式

结构型模式是软件设计模式中的一类,它关注的是类和对象之间的组合,旨在解决如何更好地组织和管理对象之间的关系。结构型模式主要包括适配器模式(Adapter Pattern)、桥接模式(Bridge Pattern)、组合模式(Composite Pattern)、装饰器模式(Decorator Pattern)、外观模式(Facade Pattern)、享元模式(Flyweight Pattern)和代理模式(Proxy Pattern)。

(1)适配器模式用来将一个类的接口转换成客户端所期望的另一种接口,使原本不兼容的两个类可以一起工作。

(2)桥接模式将抽象和实现分离,使它们可以独立地变化。它通过分离抽象接口和实现类实现解耦。

(3)组合模式将对象组织成树状结构,使客户端可以像处理单个对象一样处理对象的组合。树状组织的情况和现实中的很多情况相对应,例如一个团体的结构,以及行政区的划分等。

(4)装饰器模式能够动态地(这里的动态是指在运行期的动态)给对象添加额外的职责,通过创建装饰类包装原始类,可以不用改变原始类的结构就给其添加新的功能。

(5)外观模式为一组复杂的子系统提供了一个简化的接口,它隐藏了子系统的复杂性,使客户端可以更方便地使用子系统。简化的系统结构是将复杂的问题简单化的哲学应用。

(6)享元模式通过共享对象来减少内存的使用,或者在大量对象之间共享相同的数据,以提高性能和减少内存消耗。

(7)代理模式为其他对象提供了一个代理以控制对这个对象的访问。代理模式可以通过在代理类中添加额外的逻辑来控制对真实对象的访问。

结构型模式是一种软件静态结构的组织方式。合理地组织软件的结构能有效地降低软件的开发难度,缩短开发时间,提高软件的稳定性和运行效率,以及简化此后的软件维护工作。

6.1 适配器模式及其实现

适配器模式将不兼容的接口关联起来,使之进行协同工作。适配器模式通过将一个类的接口转换为客户端所期望的接口使原本由于接口不匹配而无法在一起工作的类可以一起工作。这种模式在处理不兼容的接口时非常有用。

适配器模式可以解决不同接口之间的不兼容问题,使原本无法一起工作的类能够在一起工作;可以将一个类的接口转换成客户端所期待的另一种接口,使客户端可以以更灵活的方式使用该类;可以通过扩展已存在的类或接口来提供新的功能,从而避免了修改原有代码所带来的风险。

需要注意的是适配器模式作为一个中间的模块,可能会增加代码的复杂性,使代码更难以理解和维护,因此,在使用适配器模式时需要特别注意权衡利弊,根据具体的项目情况进行选择。

6.1.1 传统适配器模式

传统适配器模式主要涉及目标接口对象、被适配对象和适配器对象,如图 6-1 所示。

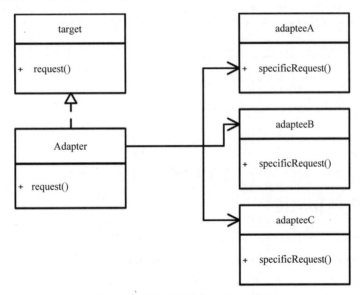

图 6-1 传统适配器模式 UML 简图

（1）目标接口（Target）是客户端所期望的接口,可以是具体的或抽象的类,也可以是接口。

（2）需要被适配的类（Adaptee）是被适配的角色,它的接口与目标接口不兼容,需要适配器进行转换。

（3）适配器（Adapter）是实现适配器模式的类,通过包装一个需要适配的对象,把原接口转换成目标接口。

6.1.2 C++11元编程下的结构设计

在这个模块中使用组合的方式将需要适配的对象组织起来,并使用 std::tuple 来保存对应对象,最后通过回调函数处理相关需要适配的动作。

整个设计主要分成三部分,CALLER_HELPER__通过递归的方式逐次调用,从而从 std::tuple 读取对象并调用与之关联的回调函数。在回调函数中进行适配处理操作,并调用具体目标的相关接口;adapter 是用来处理适配操作的接口类,其中的 request()函数是进行设备操作的方法;最后一部分是实际被适配的对象,如图 6-2 所示。

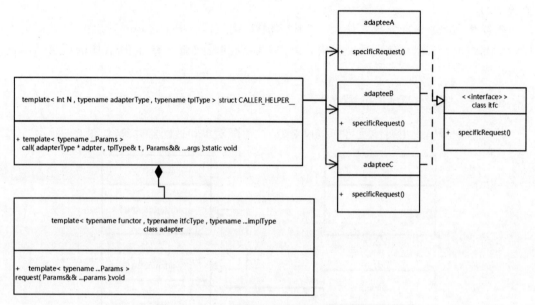

图 6-2　C++11模板类适配器模式 UML 简图

6.1.3　实现和解析

如图 6-2 所示,设计主要分成了三部分实现目标,一是使用回调函数来处理接口转换操作,接口转换在回调函数中进行处理;二是使用类模板递归展开的方式实现不同的适配对象对接,可以支持任意多个适配对象;最后是对统一接口类型的检查模块,用来检查适配对象是否符合要求。

通过类模板迭代来处理多个适配对象,使 request()函数能够访问每个被适配对象,通过模板的迭代展开实际上并不会占有运行期的计算器 CPU 资源,但是这种展开方式根据实际涉及的被代理对象的数量会导致代码膨胀,从而增加二进制文件的大小。

模板参数 N 是需要适配对象的数量,模板类 CALL_HELPER__要利用 N 控制代码递归展开,当 N==0 时结束代码递归展开操作。adapterType 是适配器的具体特化后的类型,在适配器特化会确定下来。tplType 是适配器类中的用来保存被适配对象的 std::tuple 特化后的具体类型,代码如下:

```
template< int N, typename adapterType, typename tplType >
struct CALLER_HELPER__{
```

在 call()函数中通过迭代展开逐个调用回调函数并处理每个被适配的对象,其中,

params 是要传递回调函数的参数类型表；adpter 是适配器对象指针；t 是保存了被适配的 tuple，可以从中获取被适配对象的指针；args 是实际需要传递的参数内容。

call()函数需要被定义为 static 类型，这是因为模板参数展开的过程中不能和具体的对象相关联，这个函数的代码如下：

```
//designM/adaptor.hpp

template< typename ...Params >
static void call(adapterType * adpter, tplType& t, Params&& ...args)
{
    //检查适配和回调函数是否有效
        if(adpter && adpter->m_callback__){
            //调用回调函数
            adpter->m_callback__(
                &std::get< N - 1 >(t),                    //获取一个被适配对象的指针
                std::forward<Params>(args)...);           //将参数内容传递给回调函数
                //通过递归展开处理下一个被适配的对象
            CALLER_HELPER__< N - 1,
                adapterType,
                tplType>::call(adpter, t, std::forward<Params>(args)...);
        }
    }
};
//针对模板进行偏特化并以此作为递归的结束条件
template< typename adapterType, typename tplType >
struct CALLER_HELPER__< 0 /*偏特化了 N */,  adapterType, tplType>{
```

当 N 不是 0 时会在 call()函数之内进一步地调用 CALLER_HELPER__<N-1>中的 call()函数，从而实现适配到每个被适配对象。当 N==0 时，最后一个模板类 CALLER_HELPER__中的 call()函数是一个没有任何内容的空函数，这个函数只是为了和前面的 CALLER_HELPER__模板类保持一致而避免出现编译错误，代码如下：

```
//designM/adaptor.hpp

template< typename ...Params >
    static void call(adapterType * adpter, tplType& t, Params&& ...args)
    {
        (void)adpter;
        (void)t;
    }
};
```

模板类 TYPE_CHK_HELPER__用于检查每个接口实现的类是否满足继承关系，在编译期将不满足要求的错误排查出来，代码如下：

```
//designM/adaptor.hpp

template < typename itfcType, typename... implType >
struct TYPE_CHK_HELPER__{};

//模板递归展开,进行逐个检查操作
template< typename itfcType, typename implType1, typename... implType >
struct TYPE_CHK_HELPER__< itfcType, implType1, implType...>
{
```

使用 static_assert()检查接口类和实现类是否存在继承关系。元函数 std::is_base_of<>
用来检查 implType1 是否是 itfcType 的子类,如果不满足条件,则在编译过程中就会报出
错误。通过模板递归展开逐个检查每种类型是否都符合要求,代码如下:

```
static_assert(std::is_base_of< itfcType, implType1 >::value, "");
};
//递归展开的结束条件,即所有实现类都已经处理完成
template< typename itfcType >
struct TYPE_CHK_HELPER__<itfcType> {};
```

接下来是适配器类的定义。适配器模板有 3 个模板参数,第 1 个参数是回调函数类型。
为了适应不同参数类型和参数数量的情况,这里将函数对象作为一个模板参数,实际应该使
用 std::function<void (Adapter * ,Params& &...)>类型;第 2 个参数 itfcType 是被适配对
象的接口类型,第 3 个参数是实际被适配对象实现的类型,采用可变模板参数可以支持多个
被适配对象,代码如下:

```
//designM/adaptor.hpp

template <typename functor, typename itfcType, typename ...T>
class adapter {
public:
    adapter(const T&... adap) : m_adaptees__(adap...) {}
void set(functor fun){ m_callback__ = fun; }
```

函数 request()执行实际适配操作,是客户端和适配模式之间的接口函数。模板参数
Params 用来提供支持任意类型的参数类型,并利用完美转发的方式实现参数的传递过程,
在 request()函数中调用 CALL_HELPER__中的 call()函数,而在 call()函数中会递归地展
开调用剩余对象关联的 call()函数。如此 CALLER_HELPER__在编译期内递归展开,对
每个被适配对象都能进行操作。

采用编译期递归展开的方式的优点是提高了代码的灵活性,并将提高灵活性所造成的
代价放在编译过程中。当然,其缺点是因为采用这种方式在编译期容易造成编译速度下降
和程序体积增加,函数 request()的实现代码如下:

```
//designM/adaptor.hpp

template< typename ...Params >
void request(Params&& ...params)
{
    CALLER_HELPER__< sizeof...(T),              //被适配对象的数量
        Adapter<functor, itfcType, T...> ,       //适配对象类型
        std::tuple<T...>                         //被适配对象类型
    >::
    call(this, m_adaptees__, params...);
}
```

回调函数对象 m_callback__是一个公有的函数对象,将其定义为公有变量是为了方便在模板类 CALL_HELPER__的 call()函数中使用,代码如下:

```
//designM/adaptor.hpp

functor m_callback__;
protected:
    std::tuple<T...>    m_adaptees__;            //保存所有被适配的对象
```

私有变量 m_chk_helper__是一个零长数组。零长数组在程序中实际上是不分配内存的,因此可以通过零长数组的方式使 TYPE_CHK_HELPER__可以在编译期内对接口和被适配对象的继承关系进行检查而又不会造成代码和运行期的负担,代码如下:

```
TYPE_CHK_HELPER__<itfcType, T...>    m_chk_helper__[0];
};
```

在这个实现中采用的变长模板参数使适配器可以应对多种不同类型和数量的适配目标。为模块提供了良好的通用性能,这样被适配的对象,特别是已经在运行的代码可以在不修改代码的情况下完成适配操作。

该适配器类的实现原理是使用模板递归展开和模板特化的方式,在编译期间生成并调用对应适配类的方法。通过定义适配器类和回调函数,客户端可以通过统一的接口来调用适配类的方法,实现了不同接口之间的转换与兼容。需要注意的是,模块中通过递归调用解决通用性的需求问题,但是因为模板递归的实现方式可能会引起代码膨胀。

6.1.4 应用示例

在下面的实例中 Adaptee1 是被适配对象的接口定义,Adaptee 是实际的适配对象类型。在 main 函数中,Adaptee 实例化了两个对象 adaptee1 和 adaptee2,代码如下:

```
//第 6 章/adaptor.cpp

//适配者类,这是一个纯虚类
```

```
class Adaptee1 {
public:
    virtual void specificRequest(int a) = 0;
};

class Adaptee : public Adaptee1 {
public:
    //实现纯虚函数,override 也可以换成 final,表示 specificRequest()
    //函数实现是最终版本
    virtual void specificRequest(int a) override {
        std::cout << "Adaptee's specific request. a = " << a << std::endl;
    }
};

int main()
{
    //创建适配器
    Adaptee adaptee1;
    Adaptee adaptee2;
    //定义回调函数的类型,将这种类型传递给适配器模块
    using func_t = std::function<void(Adaptee1 * , int)>;
```

类 adapter<func_t,Adaptee1,Adaptee,Adaptee>是模板类 adapter<>针对实际类型进行特化,并使用这个特化的版本创建适配器,然后调用 set()函数指定回调函数,当 adapter 调用 request()时会通过回调函数进行处理,然后调用实际适配对象的接口进行处理,代码如下:

```
//第 6 章/adaptor.cpp

adapter<func_t, Adaptee1, Adaptee, Adaptee> adpter(adaptee1, adaptee2);
    //指定回调函数内容,这里使用 lambda 函数指定,当然也可以使用其他方式
    adpter.set([](Adaptee1 * adtee, int a)
{

    adtee->specificRequest(a);
});
    //使用适配器调用目标接口
    adpter.request(12);
    return 0;
}
```

使用 adpter.set() 函数设置适配器的回调函数。这里使用了一个 Lambda 表达式,将适配者的 specificRequest()函数包装为一个回调函数。

最后调用 adpter.request() 函数来触发适配器的回调函数。这里传入了参数 12,作为适配者的特定请求的参数。适配器会依次调用每个适配者的回调函数。

运行这段代码,输出如下:

```
Adaptee's specific request. a = 12
Adaptee's specific request. a = 12
```

下面是第 2 个示例程序,该示例程序和第 1 个示例程序的使用方式很相似,此处不展开讲述代码细节,代码如下:

```cpp
//第6章/adaptor2.cpp

#include <iostream>
#include <functional>

#include "designM/adaptor.hpp"

//接口类
class Interface
{
public:
    virtual void method(int param) = 0;
};

//实现接口的类1
class Implementation1 : public Interface
{
public:
    void method(int param) override {
        std::cout << "Implementation1: " << param << std::endl;
    }
};
//实现接口的类2
class Implementation2 : public Interface
{
public:
    void method(int param) override {
        std::cout << "Implementation2: " << param << std::endl;
    }
};
int main()
{
    //创建被适配的对象
    Implementation1 impl1;
    Implementation2 impl2;

    //创建适配器
    wheels::dm::adapter< std::function< void(Interface *, int) >, Interface,
Implementation1, Implementation2> adapter(impl1, impl2);

    //设置回调函数
```

```
    adapter.set([](Interface * obj, int param) {
        obj->method(param);
    });

//执行请求
    adapter.request(10);

    return 0;
}
```

运行这段代码,输出如下:

```
Implementation2: 10
Implementation1: 10
```

6.2　桥接模式及其实现

桥接模式(Bridge Pattern)是将抽象部分和实现部分进行分离的一种处理方式,这种方式使两者可以独立地处理或者设计。桥接模式的核心思想是"组合优于继承",通过将抽象部分和实现部分分别定义为独立的类,然后使用对象组合的方式将它们组织起来。

通过桥接模式分离抽象和实现,使它们可以独立地变化以降低它们之间的耦合度;提高了系统灵活性和可扩展性,允许新增抽象部分和实现部分进行组合;对于不同的抽象部分,可以使用不同的实现对象,并且实现部分可被复用。

桥接模式适用于抽象和实现之间有多对多的关系,需要将它们的关系解耦;在运行时动态地切换抽象和实现的关系,希望通过对象组合而不是继承实现抽象和实现的关系。

6.2.1　传统桥接模式

桥接模式通常分为抽象部分(Abstraction)、具体抽象部分(Refined Abstraction)和实现部分(Implementor)。抽象部分用于定义抽象类接口,维护一个指向实现部分的引用,它将具体操作委托给实现对象;具体抽象部分用于扩展抽象类接口,实现更具体的功能并实现接口方法。实现部分用于定义实现的接口,为具体实现类提供统一的接口。

传统方式一般采用接口继承的方式来实现。采用这种方式通常需要将设计模式的实现代码和具体应用结合起来。这是使用传统模式的一个很明显的缺点。interface 是抽象部分,bridge 是具体抽象部分,cncrtImplA 和 cncrtImplB 是实现部分,如图 6-3 所示。

6.2.2　C++11元编程下的结构设计

使用 C++ 模板将抽象部分和实现部分以模板参数表示,并在编译期检查两者的继承关系。经具体抽象部分以模板代码实现,具体实现部分则以模板特化的方式表示。通过这种模式将桥接模式实现代码和具体业务分离开来,如图 6-4 所示。

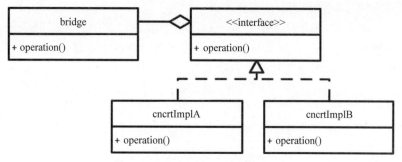

图 6-3　传统桥接模式 UML 简图

通过重载"->"操作符获取直接访问实现类的功能，而不是使用实现接口类的方式实现；通过检查接口类和实现类之间的继承关系来确保实现和接口的一致性。在桥接模式中并不是记录接口指针，而是采用记录实现类的指针以提高使用的效率。

使用模板实现桥接结构，并使用模板参数来对抽象和具体类型进行约束并在编译期完成检查。能够有效地对业务和设计模式进行解耦，提高涉及模式代码的通用性和可维护性。

在实际的实现代码中还提供了智能指针的工厂函数和支持回调函数的工厂函数。

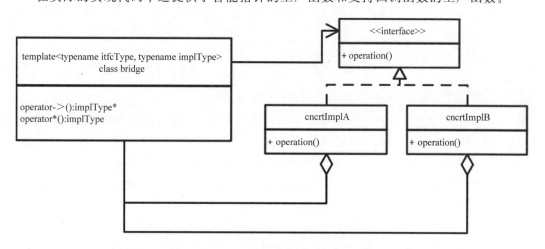

图 6-4　C++11 模板类桥接模式 UML 简图

6.2.3　实现和解析

桥接模式是一种比较简单的设计模式，在本书中桥接模式的代码也采用了很简单的方式实现。

使用 std::remove_pointer<> 和 std::decay<> 元函数来确保正确推导接口类型和实现类型，避免了可能的指针问题，从而扩大了模板的适用范围。

通过智能指针 std::shared_ptr 管理资源的生命周期，避免了内存泄漏的问题，保证了实现类型是接口类型的子类，从而提高了代码的安全性和健壮性。使用了模板和完美转发，能够处理不同类型的参数。下面是实现代码。

相比于传统的方式,多采用多态方式通过接口的虚函数访问具体实现部分。在本书中则采用重载指针操作和解引用操作符方式来重新指向具体的实现部分。两种方式都可以灵活地访问被桥接的对象,但通常情况下重载指针运算符的方式运行开销会更小,代码如下:

```cpp
//designM/bridge.hpp

template< typename itfcType, typename implType >
class bridge
{
public:
    //在编译期处理接口类和实现类,从而获得原始定义
    //通过这种方式可以使用类型推断传递模板参数,从而提高了模块的灵活性
    using itfc_t = typename std::remove_pointer<
                typename std::decay< itfcType >::type >::type;
    using impl_t = typename std::remove_pointer<
                typename std::decay< implType >::type >::type;

//这里检查接口类和实现类的关系,要求实际实现类必须是接口类的子类
static_assert(std::is_base_of<itfc_itfc, impl_impl>::value, "");
protected:
    //保存实现类的指针
std::shared_ptr< impl_type > p_imp__;
public:
bridge(){}
```

在构造函数中实例化具体实现类。通过可变模板参数,提供任意参数初始化的能力。同时利用完美转发提供参数内容。代码中使用了 std::make_shared() 操作对对象进行实例化操作,也可以使用 new 进行,而这两种方式都需要目标模块支持构造函数。

在这个实现中没有对内存分配失败和构造函数中的异常情况进行处理,如果直接调用构造函数,则需要在外部处理内存分配和其他相关的异常情况。

bridge()是一个模板的构造函数。args...是可变模板参数,其描述的所有类型都应该与实际被桥接类的参数类型一致,在利用这些参数时可以和被适配对象保持一致,并在构造桥对象时构造被桥接对象。被桥接的对象使用了智能指针保存对象,在桥对象销毁的同时被桥接对象也随之销毁。

需要注意的是 bridge 构造函数使用模板函数,在模板函数中的 Args&&... args 万能引用,和 std::forward<>() 模板函数配合起来能够适应各种情况的参数传递方式,代码如下:

```cpp
//designM/bridge.hpp

template< typename ...Args >
bridge(Args&&... args){
```

```
p_imp__ = std::make_shared<impl_type>(std::forward<Args>(args)...);
}
virtual ~bridge(){}
```

成员函数 create()是一个工厂函数,用于创建 bridge 对象。参数也使用完美转发来创建对象,并返回一个指向 bridge 对象的指针。代码中处理了 std::bad_alloc 异常,如果出现内存分配失败的情况,则返回空的 std::shared_ptr。

此外当再出现其他没有预料到的异常时,利用 std::shared_ptr 的自动释放能力自动释放内存,并返回空的 shared_ptr。

create()函数的参数都会通过完美转发的方式传递给被桥接对象的构造函数。create()函数要求被桥接对象支持构造函数,要求被桥接对象有构造函数并且构造函数可以在外被访问,如果被桥接对象的构造函数为私有的,则会在编译期出错,代码如下:

```
//designM/bridge.hpp

template< typename ...Args >
static std::shared_ptr<bridge>
create(Args&&... args){
    try{
        auto ret =
            std::make_shared<bridge>(std::forward<Args>(args)...);
        return ret;
    }catch(std::bad_alloc&){
        return {};
    }
    return {};   //避免编译过程中的警告提示
}
```

通过重载箭头操作符 operator-> 和解引用操作符 operator * 可以方便地直接访问实现类型的接口。在这两个操作符的重载中会检查 p_imp__ 是否为空,如果为空,则抛出 std::runtime_error 异常,然后返回指向实现类型对象的指针或引用,代码如下:

```
//designM/bridge.hpp

impl_type * operator->()
{
    if(!p_imp__)  throw std::runtime_error("data pointer null");
    return p_imp__.get();
}
    //重载解引用符号
impl_type& operator * ()
{
    if(!p_imp__) throw std::runtime_error("data pointer null");
    return * p_imp__.get();
}
};
```

在一些情况下,创建完成 bridge 后还需要针对一些错误进行处理,这时可以使用带有回调函数对象的方式来控制。注意在这个函数中没有针对内存分配和其他的异常进行处理，读者可以自行添加这一部分代码：

```
template< typename ...Args >
static std::shared_ptr<bridge>
create(std::function<
                void (std::shared_ptr< bridge > b, Args&&...) > func,
    Args&&... args)
{
    auto ret =
        std::make_shared_ptr< bridge>(std::forward<Args>(args)...);
    if(func){
        func(ret, std::forward<Args>(args)...);
    }
    return ret;
}
```

为了能够使桥接模块适应于私有的构造函数或者没有构造函数的情况，例如和 C 语言进行混合编程的情况，则可以利用函数对象处理的方式将构造处理延迟到回调的函数对象中进行处理，例如下面的代码：

```
template< typename ...Args >
static std::shared_ptr<bridge>
create(std::function<std::shared_ptr<impl_type> (std::shared_ptr< bridge > b,
Args&&...) > func, Args&&... args)
{
    auto ret = std::make_shared_ptr< bridge>(std::forward<Args>(args)...);
    if(func){
        ret->bridge::p_imp__ = func(ret, std::forward<Args>(args)...);
    }
    return ret;
}
```

6.2.4 应用示例

在下面的示例中，假设有一个图形绘制的应用程序需要支持绘制不同类型的图形，如矩形和圆形。可以使用桥接模式实现这个应用。

首先定义一个图形接口 Shape，包含一个绘制方法 draw()，代码如下：

```
//第 6 章/bridge.cpp

#include <iostream>
#include "designM/bridge.hpp"

class Shape
{
public:
    virtual void draw() = 0;
};
```

然后定义两个具体的图形类，分别是 Rectangle 和 Circle，它们都继承自 Shape 接口，代码如下：

```
//第6章/bridge.cpp

class Rectangle : public Shape {
public:
    void draw() override {
        std::cout << "Drawing a rectangle." << std::endl;
    }
};
class Circle : public Shape {
public:
    void draw() override {
        std::cout << "Drawing a circle." << std::endl;
    }
};
```

接下来使用桥接模式实现图形绘制的应用。使用 bridge 类来作为图形的桥接器，将抽象部分和实现部分分离。在应用程序中可以通过创建 bridge 对象来获得具体的图形实例，主程序中的代码如下：

```
//第6章/bridge.cpp

int main()
{
    using rectangleBridge = bridge<Shape, Rectangle>;
    using circleBridge = bridge<Shape, Circle>;

    auto rectangle = rectangleBridge::create();
    auto circle = circleBridge::create();
    rectangle->draw();
    circle->draw();

    return 0;
}
```

运行以上示例代码，输出的结果如下：

```
Drawing a rectangle.
Drawing a circle.
```

通过桥接模式，可以方便地扩展应用程序的图形类型，只需定义新的具体图形类并继承自 Shape 接口，然后创建对应的 bridge 对象。同时，抽象部分和实现部分的变化相互独立，可以灵活地进行修改和扩展。这样可以通过组合而不是继承的方式实现不同类型图形的绘制功能。

在实际的工程中桥接模式特别适合不同组织跨平台的代码。例如设计一个计时器代码需要调用系统的计时器 API,并且计时器模块需要运行在 Windows 平台和 Linux 平台上,此时使用桥接模式将不同平台的代码组织起来,并利用条件编译控制不同平台的编译操作,可以很方便地完成一个跨平台的计时器。

6.3　组合模式及其实现

组合模式(Composite Pattern)用于将对象组合成树状结构以表示"整体-部分"层次关系。组合模式使客户端能够以统一的方式处理单个对象和组合对象。它使对单个对象和组合对象的操作具有一致性,从而提供了更高层次的抽象。

组合模式能够简化客户端代码,客户端可以一致地处理单个对象和组合对象,无须区分它们的类型。增加新的组件类型相对简单,无须修改现有的代码,只需创建新的组件类并实现组件接口。通过递归组合可以更方便地表示复杂的层次结构,提供了更高层次的抽象,能够更灵活地组织和操作对象。

组合模式适合对象的层次结构,并希望以统一的方式处理单个对象和组合对象;客户端对单个对象和组合对象的操作具有一致性。需要递归组合来表示层次结构,并且能够灵活地操作和组织对象。

树状模式的组织方式在实际生活中非常常见,例如任何一个团体的组织方式,以及一个植物的分支结构等,而组合模式适合于树状结构的应用场景,计算机中常见的文件目录处理、XML 文件解析等场合都是非常有用的。

6.3.1　传统组合模式

通常情况下组合模式的主要角色有组件(Component)、叶节点(Leaf)、容器节点(Composite)和客户端(Client),如图 6-5 所示。

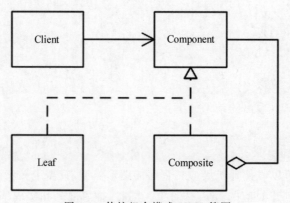

图 6-5　传统组合模式 UML 简图

(1)组件定义了组合中对象的共有接口,可以是抽象类或接口。它定义了在组合中可以进行的操作,例如添加、删除、获取子组件等。

（2）叶子是不再包含子组件的节点，叶节点只能进行最基本的操作，不具备添加、删除子组件的能力。

（3）容器可以包含子组件，可以对子组件进行管理、添加和删除操作。

（4）客户端是组件接口操作的组合结构。

6.3.2　C++11元编程下的结构设计

本书C++11元编程方式的组合模式采用将叶节点和树枝节点整合在一起，以一种节点结构来描述两种节点类型。在实际使用时如果需要判断是否是叶节点，则只需检查子节点的长度，当节点长度为0时可判定为叶节点，如图6-6所示。

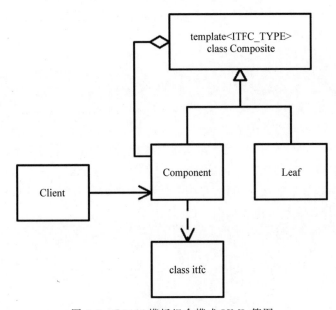

图 6-6　C++11模板组合模式 UML 简图

组件部分使用模板参数来定义，这样便将实际业务接口留在了接口模块中，可以大大地提高组合模式模块的通用性。

将节点的具体处理内容部分作为模板的参数从组合模式的本身代码中独立出来。通过这样的方式对业务处理部分和组合模式进行解耦。

6.3.3　实现和解析

组合模式的实现主要分成3部分，第1部分是一个用来控制节点数据继承关系的空类stCompositeItfcBase__；第2部分是用宏实现的接口定义的辅助工具，这是一套宏定义的接口，实现了类的定义和方法定义；第3部分是实际的组合模式实现部分 composite。

下面的代码是第1部分内容。使用名字 composite_private__空间将空类 stCompositeItfcBase__隐藏在模块内部。对外使用时使用宏来完成接口的声明，定义私有基类，代码如下：

```
//designM/composite.hpp

namespace composite_private__
{
    struct stCompositeItfcBase__{};
}
```

第 2 部分是宏定义部分，主要由 4 个宏定义组成，分别负责声明接口类、声明接口方法、结束接口类声明和声明一个默认的接口类。

宏 DECLARE_COMPOSITE_ITFC 用于声明接口类，宏的参数 name 是接口名字，声明的接口类型会从 composite_private__::stCompositeItfcBase__ 继承，用来在后面的代码中进行关系检查。在定义类时声明了一个对应虚析构函数，用来保证接口对应的对象在释放内存时能够被正确地释放，代码如下：

```
//designM/composite.hpp

#define DECLARE_COMPOSITE_ITFC(name)                \
struct name : public composite_private__::stCompositeItfcBase__ { \
    virtual ~name(){}
```

宏 COMPOSITE_METHOD 用于声明接口函数，接口函数是纯虚函数，后续需要在应用中实现接口。接口函数的返回值被确定为 bool 类型。这个宏采用了可变宏参的设计，可以用来声明不同参数数量的接口函数，在函数参数表中使用 __VA_ARGS__ 对宏参数进行展开，这个特性也是在 C++11 中才被引入的，代码如下：

```
//designM/composite.hpp

#define COMPOSITE_METHOD(name, ...) virtual bool name(__VA_ARGS__) = 0;

//关闭接口声明操作
#define END_COMPOSITE_ITFC()        };
```

为了方便在实际工程中使用，需要声明一个默认的接口类型，在多数情况下这个默认的接口类型应该能够满足要求。默认接口函数的名字为 operation。需要注意的是，这个默认接口中只有一个接口函数 operation()，但是可以使用不同的参数来对 operation 进行重载，定义默认接口的宏实现代码如下：

```
//designM/composite.hpp

#define DECLARE_COMPOSITE_ITFC_DEFAULT(itfcName, ...)      \
    DECLARE_COMPOSITE_ITFC(itfcName)                       \
    COMPOSITE_METHOD(operation, __VA_ARGS__)               \
    END_COMPOSITE_ITFC()
```

最后是组合模式模板类的实现部分，在这个实现中模板参数 DATA_TYPE 是实际的业务对象接口类型。模板类就是 DATA_TYPE 的容器。

　　当然 composite 除了 DATA_TYPE 对应对象之外，还包含 composite 自身，以此用来实现层次接口，在默认情况下使用 std::vector 保存子节点对象，同时针对 std::vector 进行别名处理 children_t，这种类型名字可以在工程中使用。std::vector 接口不适合需要频繁地创建和移除子节点的应用场景，如果在实际工程中需要在这种应用场景下完成任务，则可以使用其他容器替代，例如 std::set、std::list 等，代码如下：

```cpp
//designM/composite.hpp

template< typename DATA_TYPE >
class composite
{
public:
    //对数据类型进行退化和移除指针处理,扩大 DATA_TYPE 的可用范围
    using type_t = typename std::remove_pointer<
        typename std::decay< DATA_TYPE >::type >::type;
    //这里检查继承关系,如果不满足,则在编译时报出错误
    static_assert(
    std::is_base_of<composite_private__::stCompositeItfcBase__,
        type_t>::value, "");

    //引出组合模式的相关别名,方便在应用中使用
    using composite_t = composite< type_t >;
    //使用 std::vector 存储子节点对象,子节点对象使用 std::shared_ptr 保存
using children_t = std::vector< std::shared_ptr< composite< type_t >>>;
    using iterator = typename children_t::iterator;
public:
    composite(): p_obj__(nullptr){}
    composite(std::shared_ptr< type_t > p): p_obj__(p){}
    composite(type_t&& data){
        p_obj__ = std::make_shared<type_t>(data);
    }
    virtual ~composite(){}
    //判断当前节点是否是叶节点,如果是叶节点,则返回值为 true,否则返回值为 false
    bool isLeaf(){ return m_children__.size() > 0; }
```

　　add()函数和 remove()函数用来添加和移除子节点操作。因为子节点对象使用了 std::shared_ptr 进行保存，所以特别要注意当移除子节点后并不意味着子节点对象就已经真正被销毁了，add()和 remove()函数的实现代码如下：

```cpp
void add(std::shared_ptr< composite_t> child){
    if(!child) return;        //子节点对象无效返回
    m_children__.push_back(child);
}

void remove(std::shared_ptr< composite_t> child){
    if(!child){return;}       //子节点对象无效返回
```

```
    //查找子节点
    auto it = std::find(m_children__.begin(), m_children__.end(), child);
    //找到后删除节点
    if(it != m_children__.end()){
        m_children__.erase(it);
    }
}
```

先序遍历函数 preOrderTraversal(std::function<bool（type_t *）>func)，采用循环的方法遍历整棵树，并在每次访问节点时调用回调函数 func 处理节点，并且当回调函数的返回值为 false 时结束遍历操作。采用这种方式将数据的处理能力提供到模块外部，可以显著地增加模块的通用性。采用循环遍历可以避免采用递归调用时调用栈过深而导致的栈溢出问题，代码如下：

```
//designM/composite.hpp

void preOrderTraversal(std::function< bool (type_t *)> func) {
    if(isLeaf()){
        func(p_obj__->get());
            return;
    }
    std::stack<iterator> stack;
    stack.push(m_children__.begin());
    while (!stack.empty()) {
        auto it = stack.top();
        stack.pop();
        //当回调函数的返回值为 false 时接续程序的运行
        if(func(!it->get())) break;
        //处理子节点
        if (it->get() && !it->get()->isLeaf()) {
            stack.push(it->begin());          //子节点入栈
        }
        auto it1 = std::next(it);
        if(it1 != m_children__.end()){
            stack.push(it1);                  //兄弟节点入栈
        }
    }
}
```

for_each()函数针对当前层的所有子节点进行遍历处理，使用回调函数对数据进行处理。这是一个提供一个简单编程的语法糖，实际上完全可以使用传统的 for 语句来完成，利用类中提供的 begin()函数和 end()函数获取本层数据的遍历范围，代码如下：

```
//designM/composite.hpp

void for_each(std::function< bool (type_t *) > fun){
```

```
    for(auto item : m_children__){
        bool rst = fun(item->get());
        if(!rst) break;
    }
}
iterator begin(){ return m_children__.begin(); }
iterator end(){ return m_children__.end(); }
//获取当前节点的数据指针
type_t * get(){ return p_obj__.get(); }
protected:
    children_t    m_children__;              //子节点记录
    std::shared_ptr< type_t >      p_obj__;      //当前节点指针
};
```

在这个实现中使用了智能指针 std::shared_ptr 来管理子节点的生命周期,不需要对内存进行额外处理。

使用标准库的容器(std::vector)来存储子节点的指针,可以很容易地将它与其他标准库容器组合使用,例如 std::map、std::set 等。这使代码具有很高的可重用性,可以在不同的项目中进行复用。

由于代码中使用了大量的 std::shared_ptr 来管理内存,所以可能会导致交叉引用的情况出现。在使用的过程中需要特别注意,在获取节点或者数据的 std::shared_ptr 指针时最好使用 std::weak_ptr 进行处理,从而保证在外部不使用引用计数的 std::shared_ptr 对象。

6.3.4 应用示例

下面的示例程序实现了一个接口类 Interface,在该接口类中有一个接口函数 performAction(),然后实现了 ConcreteClass,ConcreteClass 从 Interface 实现了接口函数 performAction()。最后在 main()函数中使用 ConcreteClass 按照组合模式实现了一个树状对象。

当调用 for_each()函数时遍历所有的子节点,并输出其对应的数据内容,代码如下:

```
//第 6 章/composite.cpp

#include <iostream>
#include <functional>
#include "designM/composite.hpp"
using namespace wheels;
using namespace dm;
//定义一个接口类
DECLARE_COMPOSITE_ITFC(Interface)
    COMPOSITE_METHOD(performAction)
```

```
END_COMPOSITE_ITFC()

//实现具体的接口类
class ConcreteClass : public Interface
{
private:
    int m_data;
public:
    ConcreteClass(int idx) : m_data(idx){}
    bool performAction() override {
        std::cout << "Performing action " << m_data << std::endl;
        return true;
    }
};

int main()
{
    //创建根对象
    auto root = std::make_shared<composite<Interface>>(nullptr);

    //创建子对象
    auto child1 = std::make_shared<composite<Interface>>(
        std::make_shared<ConcreteClass>(1));
    auto child2 = std::make_shared<composite<Interface>>(
        std::make_shared<ConcreteClass>(2));
    auto child3 = std::make_shared<composite<Interface>>(
        std::make_shared<ConcreteClass>(3));

    //将子对象添加到根对象中
    root->add(child1);
    root->add(child2);
    root->add(child3);

    //调用子对象的接口方法
    root->for_each([](Interface * item) ->bool {
        return item->performAction();
    });

    return 0;
}
```

运行程序将会输出以下结果：

```
Performing action 1
Performing action 2
Performing action 3
```

6.4 装饰器模式及其实现

装饰器模式(Decorator Pattern)用于动态地在对象上添加额外的职责而不修改其原始类的结构。

例如女士化妆是一个常见的装饰器模式的例子。可以将女士视为一个对象,将化妆视为一个装饰器。女士本身有一个"原型",也就是她的基础外貌和特征,但在一些场合下需要让她看起来更年轻、更有活力。这就可以使用化妆这个装饰器来帮助这位女士变得更有魅力。

具体来讲,可以创建一个"化妆"类,这个类接受一个女士对象作为参数,并在女士对象的基础上添加新的功能。例如可以创建一个"眼影"类,这个类接受一个女士对象作为参数,并为她添加涂眼影的功能。类似地,也可以创建"口红""腮红"等类来为女士添加不同的特色。

通过这样的设计就可以动态地为一名女士添加或修改化妆的功能了。例如可以先给一名女士涂上眼影,然后涂上口红,这样她就会看起来更有精神。也可以随时去掉这些化妆功能,例如擦掉口红或眼影。

这就是装饰器模式的基本思想,也就是在不影响对象自身的基础上动态地添加或修改功能。

在装饰器模式中定义了一个装饰器类,该类将目标类作为其成员变量,并实现与目标对象相同的接口。装饰器类可以在执行目标对象的操作之前或之后添加附加功能。

与继承不同,装饰器模式使用组合的方式,以增加对象的功能和责任。通过多个装饰器对象,可以一层一层地添加新的行为和职责,从而形成一个装饰器链。

装饰器模式可以在不修改现有代码的情况下动态地添加新的功能;通过不同的组合方式,可以实现各种不同的功能组合。通过装饰器模式可以避免复杂的继承层次结构。

但是装饰器模式可能会产生过多的细粒度对象,通过多个装饰器对象,可能会创建大量的对象,从而导致系统变得复杂;可能引入冗余的代码,在装饰器链中可能会出现重复的功能代码。

6.4.1 传统装饰器模式

装饰器模式的结构包含抽象组件(Component)、具体组件(ConcreteComponent)、装饰器(Decorator)和具体装饰器(ConcreteDecorator),如图 6-7 所示。

(1) 抽象组件用于定义抽象接口,可以是抽象类或接口,是被装饰类和装饰器共同实现的接口。

(2) 具体组件用于实现抽象组件的具体类。它用于定义一个具体的对象,可以为其添加一些功能。

(3) 装饰器持有一个抽象组件的引用,并实现与抽象组件一致的接口。它在实例化时

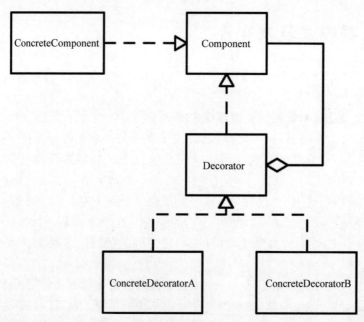

图 6-7 传统装饰器模式 UML 简图

通过构造函数接收一个抽象组件对象,并在调用相应方法前后添加额外的功能。装饰器可以是抽象类,它通常作为具体装饰器的基类。

(4) 具体装饰器用于实现装饰器抽象类的具体装饰器类。它在调用父类的方法时,将额外的功能添加到被装饰对象上。

6.4.2 C++11元编程下的结构设计

本书中实现的装饰器模式模块利用 C++ 的模板特性和 STL 容器对对象行为进行动态扩展,能够提高代码的灵活性和可维护性。

ConcreteDecoratorA 和 ConcreteDecoratorB 是具体的装饰对象,这两个模块用于实现具体的装饰的内容,如图 6-8 所示。

decorateeItfc 是装饰对象接口,对应于 decorator 模板类的模板参数。

decoratee 模板类作为 decorator 的内嵌类用于定义接收 decorateeItfc 模板参数,以便包覆 decorateeItfc 指针模块,方便进行模块管理和后续扩展。

decorator 模板类是装饰器的实现部分,提供了增加装饰、移除装饰、遍历装饰等操作。

6.4.3 实现和解析

本模块通过模板类 decorator 使用模板参数 itfcType 来指定需要被装饰的接口类型,实现了对不同类型对象的装饰功能,提供了两个宏以方便和规范实现接口的定义方法,并利用一个不暴露的类定义来约束接口的继承关系。

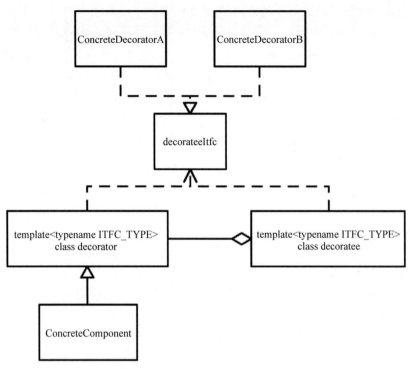

图 6-8　C++ 模板类装饰器模式 UML 简图

提供灵活的功能扩展接口：通过在 decorator 类中定义一系列操作容器的成员函数和函数对象（如 decratMe()和 decratMeCallback）以实现对被装饰对象的一系列操作。

使用迭代器支持遍历操作：通过提供 begin 和 end 函数，使 decorator 类支持通过迭代器遍历被装饰对象，定义基类接口，代码如下：

```
//designM/decorator.hpp

namespace decorator_private__
{
    struct stDecorateeItfc__{
        virtual ~stDecorateeItfc__(){}
    };
}
```

宏 BEGIN_DECLARE_DECORTEE_ITFC 用来表示接口声明的开始，宏展开后实际上是一个结构体的定义，类的名字则由宏参数 name 提供，同时使用 name 参数定义同名的虚析构函数来保证内存安全。类定义从 decorator_private__::stDecorateeItfc__ 继承，提供了检查继承和约束关系的能力，代码如下：

```
//designM/decorator.hpp

#define BEGIN_DECLARE_DECORTEE_ITFC(name)            \
```

```
struct name: public decorator_private__::stDecorateeItfc__{    \
    virtual ~name(){}
```

宏 DECORTEE_METHOD 是一个可变参的宏,参数 RET 定义了接口返回值;NAME
定义了接口名称,其他可变的参数是接口的参数类型表,并使用__VA_ARGS__在纯虚函数
中进行展开。通过 DECORTEE_METHOD 宏可以很方便地规范和定义接口函数。使用
时可以使用 DECORTEE_METHOD 多次定义名称或者参数不同的接口。定义完成后使
用宏 END_DECLARE_DECORTEE_ITFC()结束定义,声明接口和结束定义的代码如下:

```
//designM/decorator.hpp

#define DECORTEE_METHOD(RET, NAME, ...)                         \
    virtual RET NAME(__VA_ARGS__) = 0;

#define END_DECLARE_DECORTEE_ITFC()       };
```

宏 DECLARE_DECORTEE_DEFAULT 提供了一个简单的接口定义方法,在这个宏
的实现中仅仅实现了一个可变参名为 operation()的函数,虽然函数的名字只有一个,但是
可以利用 C++ 的函数重载功能实现多个不同的接口函数,这种方式在功能差异比较大的情
况下容易导致代码理解困难,读者应该慎重地在方便性和灵活性之间进行权衡。如果在使
用时不需要复杂的接口,则可以使用 DECLARE_DECORTEE_DEFAULT 声名接口,代码
如下:

```
//designM/decorator.hpp

#define DECLARE_DECORTEE_DEFAULT(name, ...)                     \
    BEGIN_DECLARE_DECORTEE_ITFC(name)                     \
        DECORTEE_METHOD(void, operation, __VA_ARGS__)     \
    END_DECLARE_DECORTEE_ITFC()
```

装饰器模板的定义,代码如下:

```
//designM/decorator.hpp

template< typename itfcType >
class decorator
{
public:
    using itfc_t = typename std::remove_pointer<
        typename std::decay<itfcType>::type >::type;
    static_assert(
        std::is_base_of<decorator_private__::stDecorateeItfc__,
                itfc_t>::value,
        "");
```

在 decorator 类内部定义了一个嵌套的模板类 decoratee,用于表示被装饰的对象。这

样可以保持装饰器类和被装饰对象类的解耦,并且支持对不同类型的对象进行装饰。需要特别注意的是 decoratee 类中对于装饰品的管理并没有拥有并处理对象的内存,使用时需要在自己的代码中对内存进行管理,代码如下:

```cpp
//designM/decorator.hpp

class decoratee
{
    protected:
        itfc_t  * p_imp__;        //实际的装饰品,类似实际的化妆品
    public:
        decoratee():p_imp__(nullptr){}
        decoratee(itfc_t * imp):p_imp__(imp){}
        decoratee(decoratee&& b): p_imp__(b.p_imp__){}

        decoratee& operator=(decoratee&& b){
            p_imp__ = b.p_imp__;
            return * this;
        }
        //方便调用实际的对象
        itfc_t * operator->(){ return p_imp__; }

        void set(itfc_t * imp){ p_imp__ = imp; }
        itfc_t * get(){ return p_imp__; }
    };

    //装饰品数据类型包装数据类型
    using dcrte_t = decoratee;
    //装饰品
    using data_t = std::vector< dcrte_t >;
    using iterator = typename data_t :: iterator;
protected:
    data_t m_dcrtes__;
public:
    decorator(){}
    virtual ~decorator(){}
```

模块设计了两个增加装饰对象的方法,一个以对象引用的方式添加,另一个以智能指针的方式添加。这两种方法都返回装饰对象在实际存储向量中的索引号。这个索引号将用在移除装饰对象的方法 remove()中。

在 decorator 类中,并没有对装饰品对象进行内存管理和声明周期管理,在使用时需要在自己的业务代码中进行处理。读者也可以通过修改 decoratee 类将存储对象修改为智能指针以实现自动地对内存进行管理,添加和移除装饰品的代码如下:

```
//designM/decorator.hpp

  size_t decrat(dcrte_t& dcrtee)
{
        m_dcrtes__.push_back(dcrtee);
        return m_dcrtes__.size() - 1;
}
size_t decrat(itfcType * dcrtee)
{
        m_dcrtes__.push_back(dcrte_t(dcrtee));
        return m_dcrtes__.size() - 1;
}
void remove(size_t idx)
{
        if(idx < m_dcrtes__.size()){
            m_dcrtes__.erase(m_dcrtes__.begin() + idx);
        }
}
```

模板函数 decratMe()是一个可变参的模板函数,提供了调用可变参数的能力,但是约束了接口的名称,在 decratMe()函数中通过 for 循环调用 operation()函数来执行装饰操作,主要的目的是为宏 DECLARE_DECORTEE_DEFAULT 提供一个执行装饰动作的接口,代码如下:

```
template< typename ...Params >
void decratMe(Params&& ...args)
{
    for(size_t i = 0; i < m_dcrtes__.size(); ++i){
        m_dcrtes__[i]->operation(std::forward<Params>(args)...);
    }
}
```

函数 decratMeCallback()有两个不同的实现,它们都是以回调函数的方式调用装饰动作的接口,调用这个函数将对所有的装饰对象进行遍历处理,将每个装饰品以传参的方式提交函数对象,以便在函数对象中进行使用。使用函数的对象的主要目的是提高装饰操作时的灵活性,将可变的内容留在实际工程代码中实现,代码如下:

```
//designM/decorator.hpp

void decratMeCallback(std::function< void (dcrte_t &) > cb)
{
    size_t count = m_dcrtes__.size();

    for(size_t i = 0; i < count; i ++){
        cb(m_dcrtes__[i]);
    }
```

```
}

void decratMeCallback(std::function< void (itfc_t * itfc) > cb)
{
    size_t count = m_dcrtes___.size();

    for(size_t i = 0; i < count; i ++){
        cb(m_dcrtes__[i].get());
    }
}
```

begin()和end()方法提供了以迭代器访问装饰品的接口,begin()函数可返回装饰对象向量头部迭代器,如此利用迭代器可以自由地使用装饰对象内容,代码如下:

```
    iterator begin(){ return m_dcrtes__.begin(); }
    iterator end(){ return m_dcrtes__.end(); }
};
```

6.4.4 应用示例

下面给出了两个使用示例,第1个是采用简单接口方式实现的示例。使用已经约定的接口 operation()方法,并通过 operation()实现具体的操作;第2种方式使用了宏声明更加复杂的接口方式,并通过回调函数的方式来处理具体操作。

【示例6-1】 首先使用宏 DECLARE_DECORTEE_DEFAULT 声明一个名为 IDecoratee 的接口类。DECLARE_DECORTEE_DEFAULT 宏会自动地扩展一个名为 operation()的纯虚函数。这个函数的参数类型是 const std::string&,返回值类型是 void,代码如下:

```
DECLARE_DECORTEE_DEFAULT(IDecoratee, const std::string&)
```

接下来实现被装饰者接口的具体类 ConcreteDecoratee1 和 ConcreteDecoratee2。这两个具体装饰品类都从 IDecoratee 继承而来,并实现了 operation()函数,以此实现具体操作。在本例中通过终端输出自己类型的名字和传入的参数内容,代码如下:

```
//第6章/decorator.cpp

class ConcreteDecoratee1 : public IDecoratee {
public:
    void operation(const std::string& str) override {
        std::cout << "ConcreteDecoratee 1: " << str << std::endl;
    }
};

class ConcreteDecoratee2 : public IDecoratee {
public:
    void operation(const std::string& str) override {
```

```
        std::cout << "ConcreteDecoratee 2: " << str << std::endl;
    }
};
```

在 main()函数中首先定义了一个装饰器对象 dcrtr,obj1 和 obj2 分别是两个装饰品,用来装饰 dcrtr 装饰器对象。调用 decratMe()模板函数的函数执行装饰操作,代码如下:

```
//第 6 章/decorator.cpp

int main()
{
    decorator<IDecoratee> dcrtr;
    ConcreteDecoratee1 * obj1 = new ConcreteDecoratee1();
    ConcreteDecoratee2 * obj2 = new ConcreteDecoratee2();

    //将被装饰者对象添加到装饰者
    size_t idx1 = dcrtr.decrat(obj1);
    size_t idx2 = dcrtr.decrat(obj2);

    //对所有被装饰者对象进行操作
    dcrtr.decratMe("Hello");
        delete obj1;
        delete obj2;
    return 0;
}
```

上面的例子的执行结果如下:

```
ConcreteDecoratee 1: Hello
ConcreteDecoratee 2: Hello
```

【示例 6-2】 首先使用接口定义宏定义接口类 ExampleClass__,然后定义一个接口函数 print(),这个函数的返回值是 void,没有需要传入的参数内容,代码如下:

```
//第 6 章/decorator2.cpp

BEGIN_DECLARE_DECORTEE_ITFC(ExampleClass__)
    DECORTEE_METHOD(void, print)
END_DECLARE_DECORTEE_ITFC()

class ExampleClass : public ExampleClass__
{
public:
    std::string name;
    ExampleClass() {}
    ExampleClass(const std::string& n) : name(n) {}
    void print()
    {
        std::cout << "Name: " << name << std::endl;
    }
};
```

　　在主函数 main 中，创建了一个 decorator 对象，以此来装饰 ExampleClass 对象。首先创建了名为 Obj1 和 Obj2 的 ExampleClass 对象，并通过 decorator 对象进行装饰，然后使用 Lambda 表达式对装饰的 ExampleClass 对象进行打印操作。接着移除了第 1 个装饰的对象，并再次使用 Lambda 表达式对剩余的 ExampleClass 对象进行打印。最后释放了内存，并返回 0，表示成功。这个示例展示了装饰器模式的灵活性和扩展性，可以动态地为对象添加功能，而不必修改其源代码，主程序中的代码如下：

```
//第 6 章/decorator2.cpp
#include <iostream>
#include "designM/decorator.hpp"

int main()
{
    decorator<ExampleClass> dec;

    //创建一个 ExampleClass 对象并装饰
    ExampleClass * obj1 = new ExampleClass("Obj1");
    dec.decrat(obj1);

    //创建一个 ExampleClass 对象并装饰
    ExampleClass * obj2 = new ExampleClass("Obj2");
    dec.decrat(obj2);

    //使用 Lambda 表达式打印所有装饰的 ExampleClass 对象
    dec.decratMeCallback([](decorator<ExampleClass>::dcrte_t& obj) {
        obj->print();
    });

    //删除第 1 个装饰的对象
    dec.remove(0);
    std::cout << "After remove:" << std::endl;

    //再次使用 Lambda 表达式打印所有装饰的 ExampleClass 对象
    dec.decratMeCallback([](decorator<ExampleClass>::dcrte_t& obj) {
        obj->print();
    });
    delete obj1;
    delete obj2;
    return 0;
}
```

上面的例子的执行结果如下：

```
Name: Obj1
Name: Obj2
After remove:
Name: Obj2
```

6.5 外观模式及其实现

外观模式的主要目的是提供一个统一的接口,用于访问多个子系统。外观模式隐藏了子系统的复杂性,使客户端可以更简单地使用子系统。

外观模式通常包含一个外观类,该类对客户端与子系统的各种功能进行交互和协调。客户端通过调用外观类提供的方法来使用子系统的功能。

外观模式可以简化接口,客户端不需要了解子系统的复杂性和内部实现细节,只需通过外观类提供的简单接口便可以使用子系统的功能;解耦系统,外观模式将客户端与子系统解耦,使客户端与子系统之间的耦合度降低;提高可维护性,通过外观类封装子系统,当子系统内部发生变化时,只需修改外观类而不影响客户端。

外观模式通常用于当一个复杂子系统有多个接口且这些接口之间存在依赖关系时,可以使用外观模式对这些接口进行封装,提供了一个统一的接口给客户端使用;当客户端与子系统的交互较复杂时,使用外观模式可以简化客户端的调用过程;当需要对子系统进行重构时,外观模式可以扮演一个中间层的角色,减少重构对客户端的影响。

6.5.1 传统外观模式

外观模式的结构包括 3 个核心组件,即外观类(Facade)、客户端(Client)和子系统(SubSystem),如图 6-9 所示。

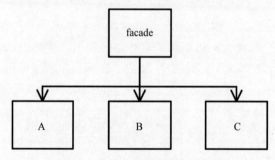

图 6-9 传统外观模式 UML 简图

(1) 外观类是外观模式的核心,它封装了子系统的复杂性,提供了一个简单的接口供客户端使用。外观类知道哪些子系统类负责处理哪些请求,并将客户端发来的请求转发给适当的子系统对象。

(2) 客户端通过调用外观类提供的接口来使用子系统的功能。客户端不直接和子系统类交互,而是通过外观类来间接地与子系统进行交互。

(3) 子系统类是实现子系统功能的各个组件。一个子系统可以由一个或多个类构成。每个子系统类都提供了一些具体的功能,供外观类和客户端使用。

6.5.2 C++11元编程下的结构设计

本书中外观模式的实现采用两种不同的方式实现。一种是使用多重继承的方式继承每个子系统,最后针对整体系统进行继承并实现访问接口;另一种是组合方式,将所有的部件采用数组进行管理。

以多重继承实现的结构如图 6-10 所示,通过可变模板参数递归展开以实现多重继承。多重继承可以不用考虑接口一致性,使用时接口方法可以很灵活地进行处理,但是使用的多重继承容易出现名字冲突,以及菱形继承等情况。在编译过程中使用模板展开的方式逐个检查所有子部件是否都是继承与给定的接口。

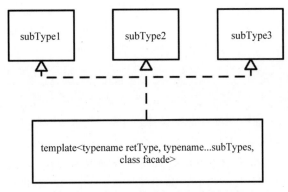

图 6-10　C++11多重继承实现的结构

使用组合方式处理的情况如图 6-11 所示,多个子部件通过继承一个接口并实现接口函数。类内部使用 std::vector 记录不同子部件对象指针。使用组合方式需要所有的子部件都继承自一个接口,虽然接口访问相对来讲灵活性变差了,但避免了在多重继承中出现名字冲突等问题。

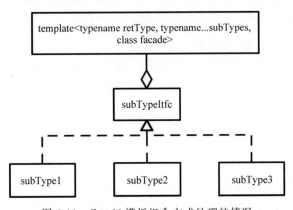

图 6-11　C++11模板组合方式处理的情况

6.5.3 实现和解析

代码主要分成 3 部分,一是编译中实现类型的选择控制,用来选择何种实现方式;二是多重继承方式的实现部分;三是使用组合方式的实现部分,需要使用的 STL 模块如下:

```
#include <type_traits>
#include <functional>
```

两种实现类型的选择是在编译期完成的,选择了多重继承方式在最后的程序中就只有多重继承的方式,否则就只有组合方式。方式的选择是通过宏 FACADE_USE_INHERIT 实现类型的选择,当 FACADE_USE_INHERIT 为 1 时使用多重继承的方式,否则使用组合方式,在默认情况下使用组合方式。FACADE_USE_INHERIT 宏的定义可以在自己的编译工程文件中配置,例如在 GCC 中通过添加-DFACADE_USE_INHERIT=0 实现。这样在编译时就可使用组合方式实现,默认的宏定义的代码如下:

```
//designM/facade.hpp

#if !defined(FACADE_USE_INHERIT)
#    define FACADE_USE_INHERIT   (0)
#endif
```

多重继承使用可变模板递归展开的方式使模板参数每展开一次继承一个子部件。在最后一次继承的时候实现一个 run()函数,最终使用这个 run()函数进行应用开发,这个 run()函数就是外观模式对外暴露出来的处理接口,代码如下:

```
//designM/facade.hpp

#if FACADE_USE_INHERIT == 1
//定义外观模板类
template <typename retType, typename... subTypes>    struct facade{};

//逐步展开模板参数,每次展开都对子部件执行一次继承操作
template <typename retType, typename subType1, typename... subTypes>
struct facade< retType, subType1, subTypes...> :
     public subType1, public facade< retType, subTypes...{};
```

最后一个展开的是在这个模板类中暴露出来的接口函数 run(),以模板函数的方式实现,Func_t 是回调函数类型,这个参数最终在业务代码中实现并明确其类型。func 是回调函数,将这个接口暴露以方便在业务代码中进行使用和控制。run()函数实际很简单,主要调用了回调函数,代码如下:

```
//designM/facade.hpp

template <typename retType>
struct facade< retType>
{
```

```
        //模板参数 Func_t 是回调函数的类型,Args 是要传递给回调函数的参数类型
        //回调函数
        template <typename Func_t, typename... Args>
        retType run(Func_t func, Args&&... args)
        {
            //这里需要注意回调函数中的第 1 个参数是 this,通过这个指针方便
            //在回调函数中使用 facade<>模板类
            return func(this, std::forward<Args>(args)...);
        }
};
#else
```

这里的 run()函数还可以修改为纯虚函数,具体的内容可以在业务程序中实现其算法。这个虚函数的方法在本书所解析的代码中并没有实现,读者可以根据自己的需要自行实现。

下面是以组合方式实现的代码部分,首先在 facade_private__ 名字空间中定义接口类型检查模块,这部分内容仅仅在编译期用到,接口检查元函数将用于在各个子系统类型展开时进行检查,判断是否是通过合法继承所来的子类型。使用 facade_private__ 命名空间约束的目的是提供一个封装,限制 TYPE_CHK_HELPER__ 仅用当前模块,代码如下:

```
//designM/facade.hpp

namespace facade_private__ {
//定义接口检查元函数
    template < typename itfcType, typename... implType >
    struct TYPE_CHK_HELPER__{};
    //通过模板的递归展开,每次展开时执行一次类型检查操作
    template< typename itfcType, typename implType1, typename... implType >
    struct TYPE_CHK_HELPER__< itfcType, implType1, implType...>
    {
        //使用 is_base_of 检查继承关系
        static_assert(std::is_base_of< itfcType, implType1 >::value, "");
    };
    //结束递归操作
    template< typename itfcType >
    struct TYPE_CHK_HELPER__<itfcType> {};
}
```

使用宏来方便地定义接口,主要分为 3 个不同作用的宏,分别用于定义开始、定义接口和定义结束,其本质是利用宏提供一个方便的接口,以便定义一个结构体,并在这些结构体中声明若干个虚函数,代码如下:

```
//designM/facade.hpp

//定义接口开始
#define FACADE_START_DECLARE_SUB_ITFC(name) \
struct name{ \
```

```
        virtual ~name(){}
//定义接口结束
#define FACADE_END_DECLARE_SUB_ITFC  };
```

上面的两个宏用来声明结构体和关闭结构体声明，代码如下：

```
FACADE_START_DECLARE_SUB_ITFC(stAbc)
```

宏展开后的代码如下：

```
struct stAbc{
virtual ~stAbc(){}
```

下面的宏用来声明接口函数。宏参数...是可变的宏参数，在宏定义体内可以使用__VA_ARGS__进行展开，通过此方式可以方便地实现不同种参数的应用，代码如下：

```
#define FACADE_ADD_ITFC(RET, NAME, ...) \
virtual RET NAME(__VA_ARGS__) = 0;
```

例如下面的使用方法：

```
FACADE_ADD_ITFC(int, setData, int, float)
```

宏展开后的代码如下：

```
virtual int setData(int, float) = 0;
```

具体可以参考后面的示例。虽然在模块中提供了以宏的方式定义接口的功能，但是读者仍然可以使用 C++ 语言提供的本身类或者结构体定义的方法实现自己的接口。

模板类 facade 是外观模式的主体部分。模板参数 itfcType 是接口类型，subTypes 是针对接口类型的具体实现的子系统数据类型，代码如下：

```
//designM/facade.hpp

template< typename itfcType, typename... subTypes >
class facade
{
public:
    using itfc_t = typename std::remove_pointer<
        typename std::decay< itfcType >::type >::type;
    using iterator = typename std::vector< itfc_t * >::iterator;
public:
```

INIT_HELPER__ 是辅助子部件初始化的模块。通过模板递归逐步地展开 std::tuple，以便将子系统的对象指针保存到 std::vector 中，代码如下：

```
//designM/facade.hpp

//模板参数 N 用来控制递归过程，当 N==0 时递归结束
template< int N, typename tupleParams >
```

```
struct INIT_HELPER__
{
    //使用静态函数 init__()从 std::tuple 中读取内容,然后保存到 std::vector 中
    static void init__(std::vector< itfc_t * >& vec, tupleParams& t)
    {
        vec[N - 1] = std::get< N - 1 >(t);
        //递归调用以完成子系统展开
        INIT_HELPER__< N - 1, tupleParams >::init__(vec, t);
    }
};
//INIT_HELPER__递归的终止操作
template< typename tupleParams >
struct INIT_HELPER__<0, tupleParams >{
    static void init__(std::vector< itfc_t * >&, tupleParams&){}
};
protected:
    std::vector< itfc_t * > m_subs__;
```

m_chker__[0]是利用 0 长数组不分配内存的特点,在编译的过程中会逐步展开所有的 subTypes,并在展开的过程里逐一检查每个子系统的继承关系,如此设计既能够保证编译期的检查任务,又不至于在运行期增加 CPU 和内存的负担,代码如下:

```
//designM/facade.hpp

facade_private__::TYPE_CHK_HELPER__<itfc_t, subTypes... > m_chker__[0];
public:
    facade(){}
    facade(std::vector< itfc_t * > subs):m_subs__(subs) {}
```

利用 std::tuple 先记录可变参数,然后利用 INIT_HELPER__模板将可变参数展开到 std::vector 中。通过这种方式能够容易地实现和子系统数量相同参数数量的构造函数。

sizeof...(subTypes)用于获取子系统的数量,这个参数在 INIT_HELPER__中需要用到控制递归展开的次数,代码如下:

```
//designM/facade.hpp

facade(subTypes * ... subs):m_subs__(sizeof...(subTypes))
{
    std::tuple< subTypes * ... > t = std::make_tuple(subs...);
    INIT_HELPER__< sizeof...(subTypes),decltype(t) >::init__(m_subs__, t);
}

virtual ~facade(){}
```

下面实现子系统的增删操作,用来在运行中灵活地进行控制。在 erase()函数中使用了 iterator 迭代器,相关获取迭代的代码没有列出来,读者可以参考具体的代码内容,代码如下:

```
//designM/facade.hpp

    template< typename tSubType >
    void add(tSubType * obj){
        facade_private__::TYPE_CHK_HELPER__<itfc_t, subType >
        m_chker__[0];
        m_subs__.push_back(obj);
    }
    void erase(iterator it){
        m_subs__.erase(it);
    }
    void erase(iterator b, iterator e){
        m_subs__.erase(b, e);
    }
```

run()函数用来提供给外部业务代码使用,也就对应外观模式的外观两个字。run()函数支持灵活的回调函数配置和灵活的参数传入,分别使用模板参数 Func_t 和 Params 在编译期明确,代码如下:

```
//designM/facade.hpp

    template< typename Func_t, typename ...Params >
    void run(Func_t fun, Params&&... args)
    {
        for(int i = 0; i < m_subs__.size(); i ++){
            if(m_subs__[i] != nullptr){
                fun(m_subs__[i], std::forward<Params>(args)...);
            }
        }
    }
};
#endif
```

组合方式需要针对所有的子系统遍历并传递给外部进行处理。通过遍历才能分别访问所有的对象,并且存在固定的先后顺序。这一点和多重继承的方式有明显的区别。

两种实现方式各有利弊,采用模板递归继承的方法在编译期的任务多于使用组合方式,在运行期初始化时不需要经过逐步初始化动作,但是因为使用了多重继承,所以容易造成名字冲突,以及多重继承的情况;多重继承后调用 run()函数时第 1 个参数需要传入对象指针以方便使用外观对象,这是因为外观对象继承了多个不同的子系统而这些子系统在处理方法中可能要用到。在组合方式实现的版本中则直接传入了子系统对象的指针。

6.5.4 应用示例

根据外观模式的实现情况,下面分别使用两种不同的模式演示具体应如何使用外观模式模块。

在下面的示例程序中使用多重继承的方式结合了两个类（SubSystem1、SubSystem2）进行了实例化。在 main()函数中创建了一个 MathFacade 对象，然后使用 run()函数来执行操作，需要定义头文件和宏变量，代码如下：

```cpp
//第6章/facade.cpp

#include <functional>
#include <iostream>
//多重继承通过宏 FACADE_USE_INHERIT 控制
#define FACADE_USE_INHERIT  1
#include "designM/facade.hpp"

using namespace wheels;
using namespace dm;
```

定义子系统类 SubSystem1 和 SubSystem2，在第 1 个子系统类中实现了加法；在第 2 个子系统类中实现了乘法操作，代码如下：

```cpp
//第6章/facade.cpp

struct SubSystem1
{
    int add(int a, int b) {
        std::cout << "add result:" <<   a + b << std::endl;
        return a + b;
    }
};

struct SubSystem2
{
    int multiply(int a, int b)     {
        std::cout << "multiply result:" << a * b << std::endl;
        return a * b;
    }
};
```

使用模板特化的方式创建外观类，第 1 个模板参数是接口的返回值，SubSystem1 和 SubSystem2 分别是两个子系统，代码如下：

```cpp
//第6章/facade.cpp

using MathFacade = facade<int, SubSystem1, SubSystem2> ;
int main()
{
    //创建外观类对象
    MathFacade fac;
```

使用外观类对象调用子系统接口，先执行加法，后执行乘法，最后将两个结果相加并返给外部程序，代码如下：

```
//第 6 章/facade.cpp

int result1 = fac.run([](facade<int> * f, int a, int b)->int {
    MathFacade * f1 = static_cast< MathFacade * >(f);
    int a1 = f1->add(a, b);
    int a2 = f1->multiply(a, b);
    return a1 + a2;
}, 2, 3);
//输出结果
std::cout << "final Result : " << result1 << std::endl;
return 0;
}
```

上面程序的运行结果如下：

```
add result:5
multiply result:6
final Result : 11
```

下面的示例使用接口继承的方式实现，并利用 FACADE_START_DECLARE_SUB_ITFC 系列宏定义接口，需要的头文件如下：

```
//第 6 章/facade2.cpp

#include <iostream>
#include <functional>
#include <tuple>
#include <type_traits>
#include <vector>

#include "designM/facade.hpp"
using namespace wheels;
using namespace dm;
```

定义子接口和子接口实现类，接口的名字是 MySubInterface，其中分别定于两个接口，即 subInterfaceFunction 和 subInterfaceFloat，用于声明接口的代码如下：

```
FACADE_START_DECLARE_SUB_ITFC(MySubInterface)
    FACADE_ADD_ITFC(void, subInterfaceFunction, int);
    FACADE_ADD_ITFC(void, subInterfaceFloat, int, float);
FACADE_END_DECLARE_SUB_ITFC()
```

将上面的宏定义展开后的代码如下：

```
struct MySubInterface{
    virtual ~MySubInterface(){}
    virtual void subInterfaceFunction(int) = 0;
    virtual void subInterfaceFloat(int, float) = 0;
};
```

接下来对接口分别实现了两个子系统 MySubInterfaceAImpl 和 MySubInterfaceBImpl，这两个子系统必须从 MySubInterface 继承并实现所有的接口，代码如下：

```cpp
//子接口实现类 A
struct MySubInterfaceAImpl : public MySubInterface
{
  virtual void subInterfaceFunction(int arg) override
  {
    std::cout << "MySubInterfaceAImpl::subInterfaceFunction
              called with argument: "
           << arg << std::endl;
  }
    virtual void subInterfaceFloat(int a, float b) override
    {
        std::cout << "MySubInterfaceAImpl::subInterfaceFloat: "
               << a << "," << b << std::endl;
    }
};
struct MySubInterfaceBImpl : public MySubInterface
{
    virtual void subInterfaceFunction(int arg) override
    {
        std::cout << "MySubInterfaceBImpl::subInterfaceFunction
                   called with argument: "
               << arg << std::endl;
    }

    virtual void subInterfaceFloat(int a, float b) override
    {
        std::cout << "MySubInterfaceBImpl::subInterfaceFloat: "
               << a << "," << b << std::endl;
    }
};
```

在 main() 函数中分别实例化了两个子系统对象 subInterfaceA、subInterfaceB 和一个外观对象 facade，并且在外观对象中添加了两个子对象的指针。在 run() 函数中通过回调函数实际使用了 Lambda 函数，分别执行两个子系统对象接口方法，代码如下：

```cpp
int main()
{
    //创建子接口实现类的对象
    MySubInterfaceAImpl subInterfaceA;
    MySubInterfaceBImpl subInterfaceB;

    //创建外观对象,并将子接口实现类的对象传入
    facade<MySubInterface,MySubInterfaceAImpl, MySubInterfaceBImpl>
```

```
        facade(&subInterfaceA, &subInterfaceB);

    auto fun = [](MySubInterface * arg, int a, float b){
        arg->subInterfaceFunction(a);
        arg->subInterfaceFloat(a, b);
    };
    //调用外观对象的 run 函数,并传入执行函数和参数
    facade.run(fun, 123, 13.4);
    return 0;
}
```

上述代码的运行结果如下:

```
MySubInterfaceAImpl::subInterfaceFunction called with argument: 123
MySubInterfaceAImpl::subInterfaceFloat: 123,13.4
MySubInterfaceBImpl::subInterfaceFunction called with argument: 123
MySubInterfaceBImpl::subInterfaceFloat: 123,13.4
```

6.6 享元模式及其实现

享元模式的主要目标是通过共享尽可能多的细粒度对象来最大限度地减少内存使用和提高性能,或方便在不同的模块之间分享数据。享元模式的核心思想是将可共享的状态(称为内部状态)与不可共享的状态(称为外部状态)分离。内部状态是存储在享元对象内部的,不会随着外部状态的变化而变化,可以被多个对象共享,而外部状态是由客户端传递给享元对象的并会随着客户端的变化而变化。

享元模式可以大幅度地减少内存的使用,从而提高系统性能。由于享元对象可以被共享,所以不需要每次都创建新的对象,可以降低创建对象的开销;可以在一定程度上实现对象的复用,共享相同的对象可以在多个地方使用,提高系统的复用性;通过将内部状态与外部状态分离,使系统更加灵活,可以在不同的环境下共享同一个对象,减少对象的数量。

但是由于共享对象会使系统对对象的状态变得更加透明,所以可能会导致系统的复杂性增加。对象的共享和重用可能会引入线程安全问题,需要额外的线程进行同步处理。

6.6.1 传统享元模式

传统享元模式的结构包括几个核心组件:享元接口(Flyweight)、具体享元(ConcreteFlyweight)和客户端(Client),如图 6-12 所示。

(1)享元接口定义了享元对象的共享方法,通过该接口可以设置外部状态。

(2)具体享元实现了享元接口的具体享元对象。具体享元类中包含了内部状态,并在需要时进行共享。

(3)享元工厂负责创建和管理享元对象。它会维护一个享元池,用于存储和管理创建的享元对象。

(4)客户端通过享元工厂获取享元对象,并在需要时向享元对象传递外部状态。

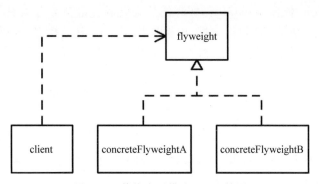

图 6-12 传统享元模式 UML 简图

6.6.2 C++11元编程下的结构设计

本书中享元模式采用了两种不同的实现方式,第 1 种使用了接口方式实现,实际数据需要实现接口以实现访问;第 2 种使用了第 4 章中的万能数据类型。

第 1 种实现结构如图 6-13 所示,类 dataItfc__是一个空的类,主要的功能是对数据继承进行约束性检查。模板类 dataItfc 用于继承 dataItfc__,并定义纯虚函数处理的数据的接口方法。实际的数据类型如 concreteDataA 和 concreteDataB 从 dataItfc 继承并实现数据接口方法。通过以上几点设计实现了 flyweight 类的通用的数据访问控制。

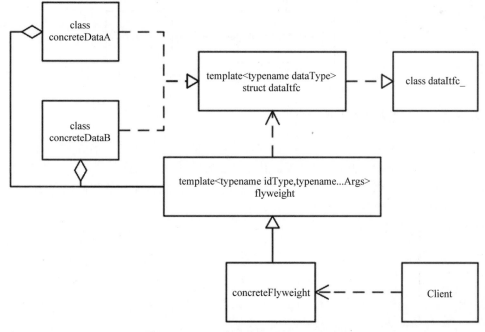

图 6-13 C++11模板享元模式 UML 简图

模板类 flyweight 依赖于 dataItfc，实际的数据类通过组合关系实现了享元模式的骨架构造。flyweight 通过数据 ID 检索数据，模板参数 idType 是数据 ID 的数据类型；模板参数 Args 是用来构造数据类的参数类型表，Args 采用可变模板参数提供了灵活的初始化、指定数据的功能。

concreteFlyweight 是实际的享元类，通过特化或者继承模板类 flyweight 实现。Client 是实际使用 concreteFlyweight 的模块。

第 2 种实现方式如图 6-14 所示，使用万能数据类型简化了模块的结构。在应用时也不需要对接口进行声明和实现，简化了开发过程，但同时因为 variant 类隐藏了具体类型，在运行时会增加少量的负担。

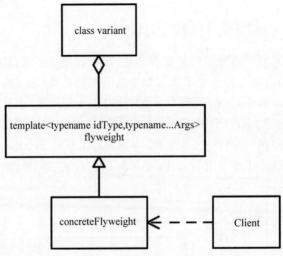

图 6-14   C++11模板万能数据类型享元模式 UML 简图

6.6.3   实现和解析

享元模式采用两种存储模式实现，一种是使用万能数据类型；另一种是使用接口。万能数据类型使用起来更加方便，由于将万能数据类型转换成具体数据类型有一定的消耗，所以相对来讲效率会比使用接口的方式低。两种模式通过宏控制，在预处理阶段明确。在默认情况下模块使用万能数据类型实现，代码如下：

```
//designM/flyweight.hpp

#include <mutex>
#include <map>
#if !defined(FLYWEIGHT_USE_VARIANT)
#define FLYWEIGHT_USE_VARIANT    (1)
#endif
```

在使用万能数据类型的情况下，先包含 variant 模块，这个模块提供了任意变量类型的

支持,代码如下:

```
#if FLYWEIGHT_USE_VARIANT == 1
#include "container/variant.hpp"
#else
```

在使用接口方式时先定义了一个空的类 dataItfc__,其主要目的是用来在使用的过程里检查接口来源是否正确,实际暴露出来供给业务代码使用的接口 dataItfc 则是继承于 dataItfc__,代码如下:

```
//designM/flyweight.hpp

namespace private__
{
    struct dataItfc__{
        virtual ~dataItfc__(){}
    };
}
#endif
#if !FLYWEIGHT_USE_VARIANT
```

这个模板类用来对外暴露出访问数据的接口,约定具体保存的数据类型。使用纯虚函数约定访问接口,在实际使用时需要实现这两个接口。通过模板类和虚函数进行配合,可以大幅地增加通用性。最后形成在一个享元模块中可以存储不同类型的数据内容,代码如下:

```
//designM/flyweight.hpp

template< typename dataType >
struct dataItfc : public private__::dataItfc__
{
    virtual void set(const dataType& d) = 0;
    virtual const dataType& get() const = 0;
};
#endif
//模板参量用来检索值的 ID 数据类型,通过数据 ID 访问数据内容
template< typename idType >
class flyweight
{
protected:
```

因为享元模式在很多情况下是多线程操作,所以可以使用 std::mutex 对数据进行加锁。对数据进行读写时先加锁再操作。

使用 std::map 保存数据记录,key 部分是由模板参数 dataType 来确定的,具体值使用了两种方式进行存储,使用宏 FLYWEIGHT_USE_VARIANT 来控制存储方式。当这个宏的值是 1 时使用 variant 存储,否则使用接口对象指针 private__::dataItfc__ * 的方式进行存储。使用 std::map 对数据进行整体管理,提供一个享元模式,以便可以存储多个不同的数据,代码如下:

```
//designM/flyweight.hpp

    mutable std::mutex  m_mutex__;
#if FLYWEIGHT_USE_VARIANT == 1
    std::map< idType, wheels::variant >  m_itfcs__;
#else
    std::map< idType, private__::dataItfc__ * >  m_itfcs__;
#endif
public:
```

引出迭代类型,方便在实际使用时对数据进行迭代访问。同样因为两种数据的存储方式不同,所以需要根据宏的值控制引出不同的迭代器,代码如下:

```
//designM/flyweight.hpp

#if FLYWEIGHT_USE_VARIANT == 1
    using iterator = typename std::map< idType, wheels::variant >::iterator;
#else
    using iterator = typename std::map< idType, private__::dataItfc__ * >::
iterator;
#endif
public:
    flyweight(){}
    virtual ~flyweight()
{
#if !FLYWEIGHT_USE_VARIANT
        for(auto item : m_itfcs__){
            delete item.second;
        }
#endif
}
```

函数 has()用来检查享元中是否存在给定 ID 的数据内容。对数据表进行查找前先对数据进行加锁,然后使用 map 容器的 find()方法进行查找,最后判断结果是否是结束位置。has()函数的返回值 true 表示存在数据,否则表示数据不存在,代码如下:

```
//designM/flyweight.hpp

bool has(const idType& id)
{
    std::lock_guard< std::mutex> lock(m_mutex__);
    auto it = m_itfcs__.find(id);
    return (it != m_itfcs__.end());
}
```

模板函数 set()用来增加或者修改数据。模板参数 T 是接口类型。对应的实际数据类型会对所有的 PARAMS 对应的数据进行组织和保存。程序首先检查数据类型,然后查找数据。根据查找结果分成两个分支,如果数据存在,则修改数据,否则添加数据内容,代码如下：

```
//designM/flyweight.hpp

template< typename T, typename ...PARAMS >
bool set(const idType& id, PARAMS&&... args)
{
    static_assert(std::is_base_of< private__ :: dataItfc__, T>::value, "");
    static_assert((std::is_class< T >::value &&
        std::is_default_constructible< T >::value) ||
        std::is_arithmetic<T>::value, "");
    std::lock_guard< std::mutex> lock(m_mutex__);

    auto it = m_itfcs__.find(id);

    if(it != m_itfcs__.end()){//数据存在修改数据内容
        auto p = dynamic_cast< dataItfc<PARAMS...> * >(it->second);
        p->set(std::forward<PARAMS>(args)...);
    }else{//数据不存在添加数据内容
        try{
            auto * t = new T;
            m_itfcs__.insert(std::make_pair(id, t));
            t->set(std::forward<PARAMS>(args)...);
        }catch(std::bad_alloc&){
            ret = false;
        }
    }
    return ret;
}
```

get()函数用于获取数据。使用 variant 方式时返回的 variant 对象在需要获取具体对象时，可以使用 int a＝XXX.get<int>()的方式获取，代码如下：

```
//designM/flyweight.hpp

#if FLYWEIGHT_USE_VARIANT == 1
variant get(const idType& name)
{
    std::lock_guard< std::mutex> lock(m_mutex__);

    auto it = m_itfcs__.find(name);
    if(it != m_itfcs__.end()){
        return it->second;
    }

    return {};
}
```

在使用 variant 的方式下重载［］符号，方便使用数组的方式读取数据内容，代码如下：

```
//designM/flyweight.hpp

wheels::variant operator[](const idType& name)
{
    auto it = m_itfcs__.find(name);
    if(it != m_itfcs__.end()){
        return it->second;
    }

    return {};
}
#else
```

在接口方式下，get()函数返回的是接口类型指针。函数要求显式地提供要求返回的接口数据类型。在编译过程中首先对数据类型进行检查，如果数据类型不符合要求，则停止编译，代码如下：

```
template< typename T >
T * get(const idType& name)
{
static_assert(std::is_base_of< private__ :: dataItfc__,
                   T >::value, "");
std::lock_guard< std::mutex> lock(m_mutex__);
```

然后查找数据是否存在，如果存在，则对数据进行指针类型强制转换，然后返回对象指针，否则返回 nullptr。需要注意，使用接口方式实现的是没有［］操作符重载的实现，代码如下：

```
    auto it = m_itfcs__.find(name);
    if(it != m_itfcs__.end()){
        return dynamic_cast<T * >(it->second);
    }

    return nullptr;
}
#endif
```

此模块还提供了多个方便管理数据的接口，例如删除数据、获取记录数量、获取迭代器等，代码如下：

```
        size_t count(){ return m_itfcs__.size(); }
        void erase(iterator it){ m_itfcs__.erase(it); }
        void erase(iterator b, iterator e){ m_itfcs__.erase(b, e); }
        iterator begin(){ return m_itfcs__.begin(); }
        iterator end(){ return m_itfcs__.end(); }
};
```

6.6.4 应用示例

在下面的示例程序中使用 flyweight 模板类来管理一组相似的对象，例如飞机的工厂。在享元模式的实现中采用两种方式，因此示例程序分别针对这两种不同的方式进行编写。

第 1 种以 wheels::variant 万能数据类型实现，示例程序如下：

```cpp
//第 6 章/flyweight.cpp

#include <iostream>
#include <string>
//首先包含享元模块头文件，所有设计模式的模块都是以头文件的方式提供的
#include "designM/flyweight.hpp"

//使用 namespace 暴露出来接口名字，当然也可以不使用
//在不暴露接口名字时就需要自己控制名字空间
using namespace wheels;
using namespace dm;
```

定义飞机类，这个演示使用的是 wheels::variant 模式，在默认情况下 flyweight 模块使用的是 variant 模式，代码如下：

```cpp
//第 6 章/flyweight.cpp

class Airplane {
public:
    //构造函数
    Airplane():capacity_(0){}
    Airplane(int c):capacity_(c){}
```

飞机类自己的接口定义，当使用 variant 模式时可以不用考虑 set 和 get 函数的约束，代码如下：

```cpp
    int getC(){ return capacity_; }
private:
    int capacity_;
};

int main() {
```

创建一个 flyweight 对象来管理飞机对象。这里直接对 flyweight 模块进行特化，代码如下：

```cpp
using AirplaneFlyweight = flyweight<std::string >;
```

创建飞机工厂对象，使用 flyweight 类管理飞机对象实例化，也就是对 flyweight 模块进行实例化。接下来将飞机对象添加到工厂，使用模板参数明确数据类型。函数参数中第 1

个是数据索引,对应于 flyweight<std::string>中的 std::string;第 2 个参数是容量,对应于 Airplan::capacity_,代码如下:

```
//第 6 章/flyweight.cpp

AirplaneFlyweight airplaneFactory;
    airplaneFactory.set<Airplane>("Boeing747", 500);
    airplaneFactory.set<Airplane>("AirbusA380", 600);

    //获取飞机对象并打印其名称
    //这里对象 boeing747 和 airbusA380 是 wheels::variant 类型的
    auto boeing747 = airplaneFactory.get("Boeing747");
    auto airbusA380 = airplaneFactory.get("AirbusA380");
    //boeing747.get<Airplane>用于将数据转换成 Airplane 类型
//然后调用成员函数 getC()
    std::cout << "Boeing747 capacity: "
<< boeing747.get<Airplane>().getC()
<< std::endl;
    std::cout << "AirbusA380 capacity: "
<< airbusA380.get<Airplane>().getC()
<< std::endl;
    return 0;
}
```

第 2 种针对接口方式实现,在包含 flyweight 模块前,必须定义宏 FLYWEIGHT_USE_VARIANT,并定义为 0,关闭 variant 方式,然后包含 flyweight.hpp,这是因为,在 flyweight 模块中默认使用了 variant 方式,通过将宏值定义为 FLYWEIGHT_USE_VARIANT 模块后编译时就会以接口的方式编译。

定义飞机类,这里就需要继承 flyweight 的数据接口。这里需要注意,应针对数据类型配置模板参数。继承接口模板类 dataItfc,模板参数是实际对象,代码如下:

```
//第 6 章/flyweight2.cpp

#include <iostream>
#include <string>
#define FLYWEIGHT_USE_VARIANT (0)
#include "designM/flyweight.hpp"
using namespace wheels;
using namespace dm;

class Airplane : public dataItfc<int>
{
public:
    Airplane():capacity_(0){}
    //实现对应的虚函数
    virtual const int& get() const override{ return capacity_; }
    virtual void set(const int& d) override{ capacity_ = d; }
private:
```

```
    int capacity_;
};

int main()
{
```

创建一个 flyweight 对象来管理飞机对象,创建飞机工厂对象,使用 flyweight 类管理飞机对象,将飞机对象添加到工厂,代码如下:

```
using AirplaneFlyweight = flyweight<std::string >;

AirplaneFlyweight airplaneFactory;
airplaneFactory.set<Airplane>("Boeing747", 500);
airplaneFactory.set<Airplane>("AirbusA380", 600);
```

获取飞机对象并打印其名称。这里获取的是 Airplane 的指针类型,这里和 variant 方式是不一样的,代码如下:

```
auto * boeing747 = airplaneFactory.get<Airplane>("Boeing747");
auto * airbusA380 = airplaneFactory.get<Airplane>("AirbusA380");
```

boeing747->get() 是调用虚函数的实现。使用接口模式,虽然可以在一定程度上提高数据的效率,但是由于预定义了接口,所以所有的新的数据类型都必须从这个接口继承。另外可以使用模板参数实现在一个享元模块内存储不同的数据类型,代码如下:

```
    std::cout << "Boeing747 capacity: " << boeing747->get() << std::endl;
    std::cout << "AirbusA380 capacity: " << airbusA380->get() << std::endl;
    return 0;
}
```

在这个示例程序中定义了一个 Airplane 类来表示飞机对象,然后使用 flyweight 类来管理飞机对象,创建飞机工厂并增加两个飞机对象(Boeing747 和 AirbusA380),然后通过工厂获取飞机对象,并打印出飞机容量,运行程序后结果如下:

```
Boeing747 capacity: 500
AirbusA380 capacity: 600
```

6.7 代理模式及其实现

代理模式是一种通过创建一中间对象来间接地访问目标对象的模式,从而控制对目标对象的访问。代理模式的核心思想是将对目标对象的访问通过代理对象进行中间处理和控制。代理对象可以对目标对象进行补充或增强,并且隐藏目标对象的具体实现。这种方式可以实现对目标对象的访问控制、延迟加载、缓存、日志记录或者对数据进行加密等操作。

代理模式可以提供对目标对象的访问控制,可以在代理对象中添加额外的逻辑以进行权限控制等。代理模式可以实现延迟加载,只有当真正需要访问目标对象时才会进行加载,从而提高系统性能。代理模式可以实现缓存功能,当代理对象接收到请求时,可以先从缓存中获取结果,避免重复计算。代理模式可以实现日志记录、异常处理等功能,以便对目标对象进行增强。

由于代理模式引入了代理对象,所以会增加系统的复杂度。由于代理对象需要实现与目标对象相同的接口,所以可能会导致代码冗余。在动态代理中,在运行时创建代理对象,性能相对较低。

6.7.1 传统代理模式

代理模式通常涉及 3 个角色,即目标对象(Subject)、代理对象(Proxy)和客户端(Client),如图 6-15 所示。

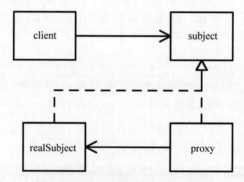

图 6-15 传统代理模式 UML 简图

目标对象是具体业务逻辑的实现对象;代理对象用于代理目标对象,提供和目标对象相同的接口;客户端通过代理对象访问目标对象。

在传统模式下通常代理和实际目标类都需要从抽象目标类继承,使用同样的一套接口。采用这种方式实现的代理方式的通用性比较差,也不适合对已有代码进行改造。

6.7.2 C++11元编程下的结构设计

利用C++11元编程技术,对抽象目标对象和实际目标对象进行解耦。利用函数对象将代理类和目标关联起来。

在实现一般意义上的代理模式后,利用C++11的 std::future 功能实现了异步代理的方式。在模块中进而使用了智能指针 std::shared_ptr 管理具体目标对象,可以更加有效地管理内存,结构如图 6-16 所示。

6.7.3 实现和解析

整个实现主要分成 4 部分。第 1 部分定义了 private__::itfcBase 的基类,在 proxy 代理类中用来识别接口是否合法;第 2 部分定义了一个只有一个接口函数的对外基类,用来在

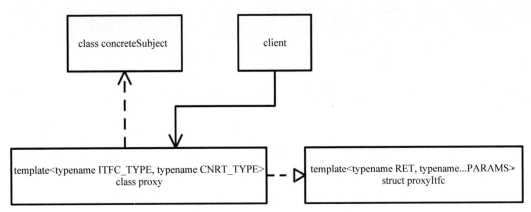

图 6-16 C++ 模板代理模式 UML 简图

应用中实现接口；第 3 部分实现了 3 个宏函数，用来方便地声明接口类；第 4 部分是 proxy 模板的实现。

第 1 部分，private__名字空间用来约束 itfcBase，使之不暴露给外部使用。这个类主要用来检查接口的继承关系。在自己的工程中尽量不要故意地破坏这种约束关系，从而进一步地破坏进程关系检查逻辑，代码如下：

```
//designM/proxy.hpp

namespace private__
{
    struct itfcBase{};
}
```

第 2 部分，在模板类中定义了唯一一个接口函数，在实际使用时代理操作需要实现这个函数。模板参数 RET 是接口函数返回值类型，PARAMS 是可以传递给接口函数参数类型表。这个模板类从 private__::itfcBase 继承，从而保证了代理操作接口的血统，代码如下：

```
//designM/proxy.hpp

template< typename RET, typename ...PARAMS >
struct proxyItfc : public private__::itfcBase
{
    virtual RET agent(PARAMS&& ...args) = 0;
};
```

第 3 部分实现了 3 个宏，用来方便地定义代理操作接口，以弥补第 2 部分中只有一个接口函数且函数名称固定的不足。宏 DECLARE_PROXY_ITFC 用来声明接口类的名字，同时也保证了 private__::itfcBase 的继承关系；宏 END_PROXY_ITFC 用来关闭接口定义。宏 PROXY_ITFC_MTD 用来声明接口函数，实际实现的是一个纯虚函数。要求在实际的业务中必须实现对应的接口，宏实现的代码如下：

```
//designM/proxy.hpp

#define DECLARE_PROXY_ITFC(name)      \
struct name: public private__::itfcBase {

#define PROXY_ITFC_MTD(ret, name, ...) virtual ret name(__VA_ARGS__) = 0;

#define END_PROXY_ITFC()      };
```

第 4 部分是实际代理模板类的实现。模板参数中 ITFC_TYPE 是代理操作接口类,也就是上面描述的部分;CONCREATE_TYPE 是要代理的目标模板类,这个目标类不需要对其进行修改,这样方便对已有代码进行代理操作而不需要对原有代码进行修改,代码如下:

```
//designM/proxy.hpp

template< typename ITFC_TYPE, typename CONCREATE_TYPE >
class proxy : public ITFC_TYPE
{
public:
    using itfc_t = typename std::remove_pointer<
            typename std::decay< ITFC_TYPE >::type >::type;
    using concrete_t = typename std::remove_pointer<
            typename std::decay< CONCREATE_TYPE > :: type > :: type;
```

使用 static_assert 代码检查代理接口的继承关系。使用智能指针 std::shared_ptr<concrete_t>保存实际代理目标对象。对于元函数 std::remove_pointer<>和元函数 std::decay<>前面已经多次解释,此后便不再重复说明其功用,代码如下:

```
//designM/proxy.hpp

static_assert(std::is_base_of<itfc_t, private__::itfcBase >::value, "");
protected:
    std::shared_ptr< concrete_t > pt_cncrt__;   //实际代理的目标类对象指针

public:
```

get()函数用于获取代理目标对象指针。需要注意的是,get()函数内部使用 std::weak_ptr 隔离 std::shared_ptr<concrete_t>,以避免实际使用时出现交叉引用,代码如下:

```
//designM/proxy.hpp

std::shared_ptr< concrete_t >
get()
{
    std::weak_ptr ret(pt_cncrt__);
    if(!ret.expired()){
```

```
        return ret.lock();
    }
    return {};
}
proxy(){}
```

通过这个构造函数可以传入已经实例化的代理目标,不需要额外地对被代理对象进行构造操作,代码如下:

```
//designM/proxy.hpp

proxy(std::shared_ptr< concrete_t > ptr):pt_cncrt__(ptr){}
virtual ~proxy(){}
```

create()函数用来实例化被代理目标。使用模板函数,并且使用变长模板能够保证兼容不同的初始化参数,代码如下:

```
//designM/proxy.hpp
template< typename ...Args >
bool create(Args&& ...args)
{
    bool ret = true;
    try{
        pt_cncrt__ =
            std::make_shared<concrete_t>(std::forward<Args>(args)...);
    }catch(std::bad_alloc&){
        ret = false;
    }catch(...){    //这里用来防止在代理目标中抛出其他异常
        ret = false;
    }
    return ret;
}
```

函数 agentCall()实现了一个异步调用方式,用来应对处理时间比较长的情况。使用函数对象传入处理操作方法,能够提供灵活的接口处理方式。最后的操作接口通过 std::future 返回。同样这个实现也是用变长模板函数实现的,以保证适应不同参数传递的情况。

在传入的函数对象的参数表中 std::shared_ptr<concrete_t>是目标对象指针;可以在函数对象中使用目标对象,PARAMS 则是传递参数类型列表,代码如下:

```
//designM/proxy.hpp

template< typename Func_t, typename ...PARAMS >
auto agentCall(Func_t&& cb, PARAMS&& ...args )
    -> std::future<
      typename std::result_of<
        Func_t(std::shared_ptr< concrete_t > ,PARAMS&&...)>::type>
```

```
{
    using return_type = typename std::result_of<
            Func_t(std::shared_ptr< concrete_t > , PARAMS&&...)
    >::type;
```

元函数 std::result_of<>主要用来推断函数或仿函数的返回类型,其工作原理是把函数调用拆分成函数类型和函数参数两部分来处理。例如,对于函数类型为 int(int)的函数对象,std::result_of<int(int)>::type 会得到其返回类型 int。

然而,元函数 std::result_of 只能处理函数指针类型、函数引用类型和函数式类(仿函数类),不能处理函数类型,所以 std::result_of 在 C++17 中已经废弃使用,改用 std::invoke_result。

agentCall 使用返回值推导的方式定义返回值,返回值的具体类型通过 std::future 的内部类型 type 进行推导。

采用返回值类型推导和模板参数中的可变参数,使 agentCall 函数能够适用于绝大多数数据的情况。

std::packaged_task<>()用于包装任何可调用的目标(例如函数、Lambda 表达式、bind 表达式、函数对象),以便它被异步调用,其返回值或抛出的异常被存储于能通过 std::future 对象访问的共享状态中。

使用 std::packaged_task 对传入的函数对象进行处理以生成任务对象 task,后续返回 std::future 对象,然后使用 std::thread 执行 task,最后在外部通过 std::future 获取函数执行的返回值结果,代码如下:

```
//designM/proxy.hpp

    std::packaged_task< return_type() >
        task(std::bind(std::forward<Func_t>(cb), pt_cncrt__,
                std::forward<PARAMS>(args)...));
        //从 task 获取 std::future 对象实例
        auto ret = task.get_future();
        //异步执行任务
        std::thread thd(std::move(task));
        thd.detach();
        //返回 std::future 对象
        return ret;
    }
};
```

6.7.4 应用示例

同步调用方式是最简单的方式。使用时可以通过特化 proxyItfc 明确一个接口类型,在实现具体代理类时将这个特化的类作为模板参数传入,并实现代理函数 agent,代码如下:

```cpp
//第 6 章/proxy1.cpp

#include <iostream>
#include <sstream>

#include "designM/proxy.hpp"

using namespace wheels;
using namespace dm;

//itfc 定义了一个代理函数的代理接口类
//第 6 章/proxy1.cpp

using itfc = proxyItfc< int, const std::string&>;

//这个是代理目标类
class abc{
public:
    int dosth(const std::string& a, int b){
        std::cout << "abc::dosth " << a << " " << b << std::endl;
        return 3;
    }
};
```

定义具体代理类，从模板函数进行继承并实现接口函数。模板参数 itfc 是 proxyItfc 特化后的类，使用 itfc 特化 proxy 后在 proxy 中就有了虚函数 agent。在具体代理类中就需要实现虚函数 agent 作为代理处理的接口方法，代码如下：

```cpp
//第 6 章/proxy1.cpp

class myProxy : public proxy< itfc, abc >
{
public:
    //实现接口函数，这个函数在 itfc 中声明了
    virtual int agent(const std::string& str) override{
        std::cout << "myProxy::agent " << str << std::endl;
        int param1 = 12;
        std::stringstream ss;
        ss << str << ":" << param1;
        auto ptr = get__();
        if(ptr){
            param1 = 12 / ptr->dosth(ss.str(), 12);
        }
        return param1;
    }
};

int main()
```

```
{
    myProxy my_proxy;             //实例化代理类
    my_proxy.create();            //实例化代理目标
    //执行代理操作
    int rst = my_proxy.agent("abc");
    std::cout << rst << std::endl;
    return 0;
}
```

在代理模块中定义了一组方便自定义接口的宏,使用宏定义接口的同步方式方便快速地定义接口类,代码如下:

```
//第6章/proxy.cpp

#include <iostream>
#include "designM/proxy.hpp"
using namespace wheels;
using namespace dm;

//定义一个接口, MyInterface 是接口类的名字
DECLARE_PROXY_ITFC(MyInterface)
    PROXY_ITFC_MTD(int, methodItfc)
```

声明接口函数,函数的返回值是 int,名字是 methodItfc,这个函数没有参数。这个宏展开后的内容如下:

```
virtual int methodItfc() = 0
```

然后关闭接口声明,定义代理目标类,代码如下:

```
//第6章/proxy.cpp

END_PROXY_ITFC();

//定义一个代理目标实现类
class MyImplementation  {
public:
    virtual int methodName() override{
        std::cout << "Mission is done int subject object" << std::endl;
        return 42;
    }
};
```

实现具体代理类,需要实现接口声明中的所有接口,接口类型通过 proxy 的第1个模板参数进行模板特化,代码如下:

```
//第 6 章/proxy.cpp

class myProxy : public proxy<MyInterface, MyImplementation>
{
public:
    int methodItfc() override
    {
        int ret = 12 * get__()->methodName();
        return ret;
    }
};

int main()
{
    //创建代理类
    myProxy my_proxy;                //创建实现类对象
    //调用代理类的方法
    my_proxy.create();
    auto result = my_proxy.methodItfc();
    std::cout << "after proxy modified result: " << result << std::endl;
    return 0;
}
```

运行结果如下：

```
Mission is done int subject object
after proxy modified result: 504
```

代理模块支持以异步的方式自行代理操作。成员函数 agentCall 通过传入回调函数和函数的参数提交异步操作，并通过 std::future 获取执行结果，代码如下：

```
//第 6 章/proxy2.cpp

#include <iostream>
#include <sstream>
#include "designM/proxy.hpp"
using namespace wheels;
using namespace dm;
//这里声明一个空的接口类型,用来占位 proxy 的接口参数
DECLARE_PROXY_ITFC(MyInterface)
END_PROXY_ITFC();
//定义代理对象
class MyImplementation {
public:
    std::string methodName(int data) {
        std::stringstream ss;
        ss << " data to str: " << data;
        return ss.str();
```

```
        }
    };
```

```
    int main()
    {
        //创建代理类
        using MyProxy = proxy<MyInterface, MyImplementation >;
        MyProxy myProxy;          //创建实现类对象
        myProxy.create();         //创建代理对象
```

使用 agentCall 异步调用代理操作,agentCall 返回的是 std::future 对象,如果函数有
返回值,则可以异步地返回结果,代码如下:

```
//第 6 章/proxy2.cpp

    auto result = myProxy.agentCall([](std::shared_ptr<MyImplementation > ptr,
int a)
    {
        std::cout <<"in async mission"<< std::endl;
        std::this_thread::sleep_for(std::chrono::milliseconds(10));
        std::cout <<"finishing async mission"<< std::endl;
        return ptr->methodName(a);
    }, 12);
    std::cout <<"async mission is stared"<< std:::<< std::endl;
    std::this_thread::sleep_for(std::chrono::seconds(1));
    //通过 get()方法获取执行结果
    std::cout << result.get() << std::endl;
    return 0;
}
```

可以看出代码先输出“async mission is stared”,然后输出了异步任务的两处内容,等待
所有的任务都执行完成后通过 std::future 的 get()方法获取执行结果,执行结果如下:

```
async mission is stared
in async mission
finishing async mission
data to str: 12
```

6.8 本章小结

结构型设计模式是一种关注对象结构的设计模式。在结构型设计模式中,关注对象之
间的关系和结构,而不是对象自身的行为。结构型设计模式主要包括适配器模式、桥接模
式、组合模式、装饰器模式、享元模式和外观模式等。

结构型设计模式的主要思想是解耦和抽象。通过解耦可以降低对象之间的耦合度,从

而提高代码的可维护性和可扩展性。通过抽象可以隐藏对象的实现细节，从而提高代码的通用性和可重用性。

在结构型设计模式中使用C++11元编程技术实现了不同的模板类。通过这些模板类，读者可以创建具有相同结构和行为的对象集合。这些模板类可以用于实现适配器模式、桥接模式、组合模式、装饰器模式、享元模式和外观模式等不同的结构型设计模式。

结构型设计模式是设计模式中的重要组成部分，它可以帮助读者更好地理解和设计对象的结构。通过学习和应用这些模式，可以提高代码的可读性、可维护性和可复用性，为软件设计和开发带来更高的价值。

行为型模式

设计模式中的行为模式是面向对象软件设计中不可或缺的一部分,专门用于描述在特定环境下对象如何通过行为交互来共同实现某个复杂的功能或目标。与结构型模式主要关注对象的静态结构、组成及它们之间的关联方式不同,行为型模式则将焦点放在对象的动态行为、协作及交互方式上。

行为模式为软件设计者提供了一种灵活多变的设计思路,特别适用于解决那些涉及多个对象、复杂流程控制及对象间行为组合与协调的问题。通过运用行为模式,设计者可以更加清晰地理解对象间的交互逻辑,提高系统的可维护性和可扩展性。

在行为模式中策略模式、观察者模式、责任链模式、中介者模式等都是非常具有代表性的成员。各自拥有独特的处理问题和解决问题的方式,但共同之处在于它们都强调对象间的交互与行为控制。

7.1 责任链模式及其实现

责任链模式是一种避免请求发送者与多个请求处理者耦合在一起,将所有请求的处理者连成一条链。当有请求发生时,可将请求沿着这条链传递,直到有对象处理它为止或者链上的每个处理者都执行自己需要完成的步骤。

在责任链模式中,抽象处理者角色用于定义一个处理请求的接口,包含抽象处理方法和一个后继链接。具体处理者角色用于实现抽象处理者的处理方法,判断能否处理本次请求,如果可以处理请求则处理,否则将该请求转给它的后继者。客户类角色负责创建处理链,并向链头的具体处理者对象提交请求,但它不关心处理细节和请求的传递过程。

责任链模式的主要优点是系统可以在不影响客户端的情况下动态地重新组织链和分配责任,处理者有两种选择:承担责任或者把责任推给下家。同时,请求可以在链上进行传递,直到有对象处理它为止,从而提高了系统的灵活性和可扩展性。

责任链模式也有一些缺点,例如在纯责任链中要求每个处理者要么处理要么直接传给下一个处理者,这可能会限制系统的灵活性。此外,由于请求在链上传递时需要经过多个处理者,所以可能会导致处理效率低下。

7.1.1　传统责任链模式

传统责任链模式通常由 3 个组件构成,分别是处理者(Handler)、具体处理者(ConcreteHandler)和客户端(Client),如图 7-1 所示。

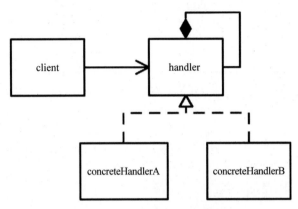

图 7-1　传统责任链模式 UML 简图

(1) 处理者用于定义一个处理请求的接口,包含一个指向下一个处理者的引用。

(2) 具体处理者用于实现处理请求的具体逻辑。决定自己是否要处理请求,如果不能处理就将请求传递给下一个处理者。

(3) 客户端创建责任链,并将请求发送到责任链的起点。

传统的责任链模式在请求发生后会在责任链上逐步进行处理,直到符合条件的处理者完成处理为止。这样的设计容易造成处理效率低下,并且限制了责任链模式的适用范围。

责任链模式需要多个处理者按照规定的顺序进行处理,直到最后一个处理完成。这种应用场景也是非常常见的,例如针对一份文档进行签字的工作,首先由编撰者签署,由组长审核,由经理复核,由总经理批准,在这种场景中每次操作都是在上一次操作的基础上进行处理的,存在着先后顺序,并且每个参与处理的对象都会对数据进行处理。采用传统的设计模式无法满足要求。

7.1.2　C++11元编程下的结构设计

本书中责任链模式 handler 使用宏进行处理,利用了可变参的宏和纯虚函数简化并规范接口定义,在业务代码中则可以针对接口实现多种不同的 concreteHandler。通过虚函数和可变宏参数实现了在编译期和运行期的多态,如图 7-2 所示。

处理对象使用返回值控制处理动作是否需要继续,采用返回值控制的好处是既能够实现找到处理的对象为止,也能够使所有的处理对象按照处理顺序参与到处理过程中。

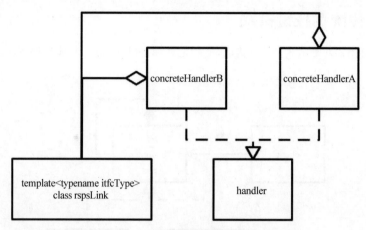

图 7-2　C++11 模板责任链模式 UML 简图

7.1.3　实现和解析

责任链模式模块分成 3 部分实现,一是基础接口定义部分;二是声明接口的宏,方便规范地定义接口。三是责任链模块主体部分。使用继承定义的接口类用来在编译期检查实际的接口声明是否有正确的来源;利用宏声明定义可以方便快速且规范地定义接口。

空结构体作为基础接口类,责任链中的 handler 都应该是这个类的子类。虽然在 respItfc__ 中不做任何声明,但是能够帮助在编译期检查实际定义的接口源头是否正确。同时使用 private__ 名字空间将其约束在责任链模块中不对外暴露,这样业务模块就需要使用宏模块进行处理,以提高代码的安全性,代码如下:

```
#include <list>
//designM/rspsLink.hpp

namespace private__
{
    struct respItfc__{};
}
```

下面是 3 个用来声明接口的宏函数。使用 3 个宏可以保证接口继承关闭,方便程序在编译期可以通过检查。使用方法定义宏能够保证接口名字和责任链模块保持一致,同时又提供可变参数的功能,能够在保证接口名字不变的情况下,接口参数可以灵活使用。接口方法采用了纯虚函数的方式进行声明,这要求在使用模块时必须在自己的代码中实现已经声明的接口方法,否则是无法通过编译的。

宏 DECLARE_RESPLINK_ITFC 用来声明接口,实际上是定义一个名字作为给定参数 name 的结构体,这个接口体从 private__::respItfc__ 继承以保证在编译期对接口继承关系的检查能够通过,代码如下:

```
#define DECLARE_RESPLINK_ITFC(name)        \
    struct name :public private__::respItfc__ {
```

宏函数 RESPLINK_ITFC_MTD(name,…)则用来声明接口函数,函数的名字是通过 name 参数指明的。函数的参数类型表则通过可以变参的宏来处理。

END_DECLARE_RESPLINK_ITFC()则用来关闭接口类的定义。

DECLARE_RESPLINK_ITFC_DEFAULT 宏用来声明一个默认的接口类,接口类的名字是 name。接口方法的名字是 operation,参数类型表则通过可变参的宏提供,代码如下:

```
//designM/rspsLink.hpp

#define RESPLINK_ITFC_MTD(name, ...)   virtual bool name( __VA_ARGS__ ) = 0;

#define END_DECLARE_RESPLINK_ITFC()    };

#define DECLARE_RESPLINK_ITFC_DEFAULT(name, ...)        \
DECLARE_RESPLINK_ITFC(name)                             \
RESPLINK_ITFC_MTD(operation, __VA_ARGS__)              \
END_DECLARE_RESPLINK_ITFC()
```

模板参数 ITFC_TYPE 对应于 handler,是使用上面的宏定义的接口,责任链上所有的对象都应该从这种类型继承并实现对应的接口。使用 std::is_base_of<>元函数对接口类型的来源关系进行检查,保证接口关系正确和接口函数有效,代码如下:

```
//designM/rspsLink.hpp

template< typename ITFC_TYPE >
class rspsLink
{
public:
    using itfc_t = typename std::remove_pointer<
                   typename std::decay< ITFC_TYPE >::type >::type;
    //检查继承关系,如果检查失败,则模块无法使用
    static_assert(
        std::is_base_of< private__::respItfc__,  itfc_t >::value, "");
    //利用 std::list 记录所有的 handler,这个模块本身并不对对象的生命周期进行控制
    using link_t =  std::list< private__::respItfc__ * >;
    using iterator = typename link_t::iterator;
protected:
    link_t            m_link__;
public:
    rspsLink(){}
    virtual ~rspsLink(){}
```

request()模板函数针对所有的 handler 进行处理,函数支持可变函数参数。这样就和

可变参数的宏一致了。当 operation()函数的返回值为 false 时继续处理循环,放弃链表上的后续处理者的处理机会。将实际判断是否需要连续处理的逻辑延迟到业务实现时,有效地提高了责任链模式的通用性,代码如下:

```cpp
//designM/rspsLink.hpp

template< typename ...Params >
void request(Params&&... params)
{
    for(auto item : m_link__){
        auto * p = item;
        if(p == nullptr) continue;
        //调用接口函数,如果返回值是 false,则结束操作
        bool rst = p->operation(std::forward<Params>(params)...);
        if(rst == false){ break; }
    }
}
```

模板函数 requestCallback()提供了回调函数的操作方式,可以将每个 handler 暴露给回调函数进行处理。在这种情况下,接口函数可以延迟到回调函数进行选择处理,在业务代码中可以更加灵活地控制接口函数,使处理者对象可以使用多个处理算法对数据进行处理。这样在定义接口时可以不声明任何接口函数,也可以声明多个不同的接口函数。

回调函数则可以使用不同的方式实现,例如使用 Lambda 函数,或者使用类成员函数等。回调函数实现方式提供了更加灵活的处理方式,能够非常有效地扩展责任链模块的通用性能,代码如下:

```cpp
template< typename Func_t, typename... Params >
void requestCallback(Func_t && fun, Params&& ...args){
```

利用 std::result_of<>元函数推导函数的返回值,并对函数的返回值进行检查以保证函数的返回值是布尔类型。类型检查使用 std::is_same 元函数,当 result_type 的返回值是 bool 类型时,is_same 的返回值就是 true。将推断出来的函数返回值和 bool 类型进行匹配性检查,如果返回值不符合要求,则在编译的过程中报出错误并停止编译,代码如下:

```cpp
//designM/rspsLink.hpp

    using result_type = typename std::result_of<
        Func_t(itfc_t *, Params&&...) >::type;
    static_assert(std::is_same<result_type, bool >::value, "");

    for(auto item : m_link__){
        auto * p = item;
        if(p == nullptr) continue;
        //调用回调函数,使用每个 handler 对数据进行处理
        bool rst = fun(p, std::forward<Params>(args)...);
```

```
            if(rst == false){   //当处理方法的返回值是 false 时结束循环
                break;
            }
        }
    }
```

push_back()方法和 insert()方法用于在责任链上添加处理对象,这两种方法都是模板方法。push_back()在链尾上增加而 insert 在指定位置添加,代码如下:

```
//designM/rspsLink.hpp

template< typename subType >
void push_back(subType * rsps)
{
    using type = typename std::remove_pointer<
                typename std::decay<subType>::type > :: type
    static_assert(std::is_base_of<private__::respItfc__, type >::value,"");
    m_link__.push_back(rsps);
}

template< typename subType >
void insert(iterator it, std::shared_ptr< subType > rsps)
{
    using type = typename std::remove_pointer<
                typename std::decay<subType>::type > :: type
    static_assert(std::is_base_of<private__::respItfc__, type >::value,"");
    m_link__.insert(it, rsps);
}
```

两个 erase()方法用来移除指定位置的处理对象。这两种方法能够用来移除一个或者多个处理对象,代码如下:

```
void erase(iterator it)
    {
        m_link__.erase(it);
    }
    void erase(iterator start, iterator end)
    {
        m_link__.erase(start, end);
    }
    iterator begin(){ return m_link__.begin(); }
    iterator end(){ return m_link__.end(); }
};
```

7.1.4　应用示例

在下面的示例中使用宏定义了接口,并采用了两种请求方式分别执行任务。接口函数

的参数使用两个 int 类型,代码如下:

```
//第 7 章/respLink.cpp

#include <iostream>
#include "designM/rspsLink.hpp"
using namespace wheels;
using namespace dm;

DECLARE_RESPLINK_ITFC_DEFAULT(respItfc, int,int)
```

使用宏 DECLARE_RESPLINK_ITFC_DEFAULT 定义接口,接口的名字为 respItfc,接口需要两个 int 类型的参数。宏 RESPLINK_ITFC_MTD 是一个可变参的宏函数,可以使用任意多个不同数量和类型的数据类型参数,例如可以使用 const int * 和 int& 等。

上面的宏定义展开后的结构如下:

```
//第 7 章/respLink.cpp

struct respItfc:public private__::respItfc__ {
    virtual bool operation(int, int) = 0;
};
```

接下来实现两个 concreteHandler,分别是 Implementation1、Implementation2,这两个类都需要从 respItfc 继承,并实现纯虚函数 operation,代码如下:

```
//第 7 章/respLink.cpp

struct Implementation1 : respItfc
{
    bool operation(int data, int b) override
    {
        std::cout << "Implementation1: " << data << " data b: " << b << std::endl;
        return true;
    }
};
struct Implementation2 : respItfc
{
    bool operation(int data, int b) override
    {
        std::cout << "Implementation2: " << data << " data b: " << b << std::endl;
        return false;
    }
};

int main()
{
```

```
        rspsLink<respItfc> link;            //实例化责任链模式模块

        Implementation1 impl1;              //实例化两个 handler
        Implementation2 impl2;

        link.push_back(&impl1);             //将两个 handler 按照顺序加入责任链
        link.push_back(&impl2);

        link.request(123, 789);             //使用 request 方法执行请求
        //使用回到函数的方式执行请求,回调函数的第 1 个参数是接口指针
        //然后通过虚函数的多态功能分别调用两个不同的 handler
        link.requestCallback([](respItfc * item, int a, int b)->bool{
            std::cout << "call in lambda function" << std::endl;
            return item->operation(a, b);
        }, 123, 789);

        return 0;
}
```

运行结果如下:

```
Implementation1: 123 data b: 789
Implementation2: 123 data b: 789
call in lambda function
Implementation1: 123 data b: 789
call in lambda function
Implementation2: 123 data b: 789
```

7.2 命令模式及其实现

命令模式(Command Pattern)将请求或操作封装成一个对象,从而允许使用不同的请求对客户端与服务器端操作进行解耦。命令模式在 GUI 编程中是非常常用的一种设计模式,例如执行菜单命令、按钮命令等操作。

在命令模式中命令是一个抽象类,它定义了一个执行请求的方法。具体命令类实现了这个抽象类,并封装了对目标对象的调用行为及调用参数。客户端通过调用命令对象来发送请求,而不需要直接与接收者对象交互。命令对象将调用请求传递给接收者,接收者执行相应的操作。

命令模式能够有效地降低系统的耦合度;具有良好的扩展性,增加或删除命令非常方便,采用命令模式增加与删除命令不会影响其他类,并且满足"开闭原则"。在实际工程中命令模式可以采用同步方式和异步方式,本书中的命令模式实现了异步方式。

7.2.1　传统命令模式

传统命令模式的角色主要包括抽象命令类(Command)、具体命令类(ConcreteCommand)和客户端(Client),如图 7-3 所示。

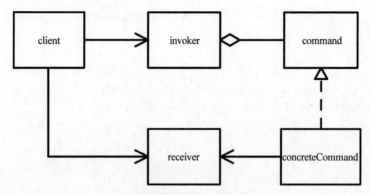

图 7-3　传统命令模式 UML 简图

抽象命令类用于定义一个共同的接口,包括一个请求的方法和撤销的方法;具体命令类实现抽象命令类中的请求方法,并封装了对目标对象的调用行为及调用参数;接收者是需要被调用的目标对象;客户端是创建目标对象实例、设置调用参数、调用目标对象的方法。

传统结构中对命令模式的定义并没有考虑线程安全,也没有考虑异步和同步处理等在工程中所面临的实际问题和情况。在实际工程中需要考虑太多的细节问题,在不同的工程上不断地重复编写类似的模块,在一定程度上延长了开发周期并容易引入额外漏洞。

7.2.2　C++11元编程下的结构设计

命令模式模块的设计支持异步处理功能,即命令发出和处理是由异步执行提供命令的,如此将生产者(客户端)和消费者(接收者)解耦,为工程代码编写提供了实用的通用性环境。

在命令模式中提供单例模式,使开发者可以很方便地在自己的程序中构造一个单例的命令模式。使用宏和模板混合处理方式,在编译期明确是否启动单例模式,通过单例模式能够提供更加方便的接口。

在命令传递过程中使用命令队列对请求进行排队处理。调度器可以发出请求,也可以处理请求,实际调度的驱动则由一个命令循环进行处理,如图 7-4 所示。

命令模式模块主要分成命令对象 eventData,这个模块包含命令传递中的数据内容,在结构体内携带了命令 ID 和命令参数;调度循环模块 mainLoop,使用无穷循环根据命令数据队列处理命令;dispatcher 模块负责管理命令和执行体的对应关系,根据命令检索和执行。当命令队列空时命令循环则进入睡眠状态,并定时唤醒检查是否存在新的请求。此外,当命令发出时可以选择是否立即唤醒命令循环。

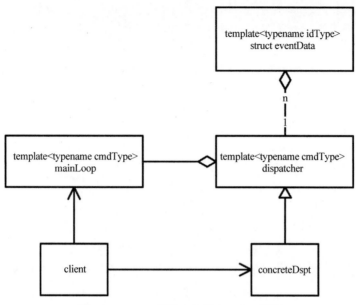

图 7-4　C++11模板命令模式 UML 简图

7.2.3　实现和解析

本书中命令模式的实现主要由 3 部分组成,struct eventData 模板类实例化后在命令队列中排队等待处理。

eventData 的模板参数 idType 是用来检索命令的数据类型。在 dispatch 类中调度时通过 m_id__检索执行函数对象并以此来执行。

eventData 中有两个数据,一个用来检索命令,另一个用来记录命令内容。命令内容使用万能数据类型来保存数据,因此命令参数可以传递任意的参数类型。如果传递命令时需要传递多个不同的参数,则可以把需要传递的参数以类的方式组织在一起,然后通过variant 进行传递,命令数据结构的定义如下:

```
//designM/eventDetail/event.hpp

template< typename idType >

struct eventData
{
    idType              m_id__;       //用来检索命令
    wheels::variant     m_data__;     //命令携带的参数

    eventData(){}
```

```
    template< typename dataType >
    eventData(const idType& evt, const dataType& data):
        m_id__(evt), m_data__(wheels::variant::make(data)){}
```

在消息的传递过程中需要消息的复制操作，需要对 eventData 对应地复制构造函数，并对赋值运行符进行重载，代码如下：

```
//designM/eventDetail/event.hpp

    eventData(const eventData& b):
        m_id__(b.m_id__), m_data__(b.m_data__){}
    eventData& operator=(const eventData& b){
        m_id__ = b.m_id__;
        m_data__ = b.m_data__;
        return * this;
    }
};
```

事件循环模块 mainLoop 实际上维护了一个无穷循环，为命令处理提供了一个异步运行环境。事件循环模块是实际暴露给业务代码的唯一接口，dispatcher 作为一个封装的类型通过 mainLoop 管理、构造和销毁。

mainLoop 支持以单例模式管理，在一些简单的应用开发情况下可以利用单例模式进行创建和销毁以简化代码。是否使用单例模式是由宏 CMD_USE_SINGLETON 来管理的，在默认情况下命令模式使用单例模式，代码如下：

```
//designM/eventDetail/mainLoop.hpp

#include <atomic>
#include "designM/eventDetail/dispatcher.hpp"
//在默认情况下使用单例模式处理事件循环和调度器
#if !defined(CMD_USE_SINGLETON)
#define CMD_USE_SINGLETON  (1)
#endif

#if CMD_USE_SINGLETON
#include "designM/singleton.hpp"
#endif

template< typename cmdType >
class mainLoop
#if CMD_USE_SINGLETON
    : public singleton< mainLoop<cmdType>>
#endif
{
public:
```

针对命令类型进行退化和移除指针处理，以便重新进行别名定义，方便在业务代码中扩大模块的适用范围,并另外使用 static_assert 对数据类型的约束性和合法性进行检查,如果命令类型不满足要求,则在编译期内报出错误,代码如下:

```cpp
//designM/eventDetail/mainLoop.hpp

    using cmd_type = typename std::remove_pointer<
        typename std::decay< cmdType >::type >::type;
    using dispatcher_t = dispacher<cmd_type>;
    static_assert(std::is_integral< cmd_type >::value ||
            std::is_enum<cmd_type>::value || (
                std::is_class< cmd_type >::value &&
                std::is_copy_assignable< cmd_type >::value &&
                std::is_copy_constructible< cmd_type > ::value
    ), "");
private:
    std::atomic< bool >   m_is_running__;
    std::atomic< long >   m_over_time__;
```

单例模式下调度器 dispacher、管理方式和单例模式是不一致的,在不使用单例模式的情况下 dispacher 实例化的对象由 mainLoop 全权管理,代码如下:

```cpp
//designM/eventDetail/mainLoop.hpp

#if !CMD_USE_SINGLETON
    std::unique_ptr< dispatcher_t >   pt_dsptch__;
#endif
public:
    mainLoop(long ovt = 10): m_is_running__(false), m_over_time__(ovt)
    {
    //如果使用了单例模式,则以单例模式的方式初始化调度器
#if CMD_USE_SINGLETON == 1
        dispatcher<cmdType>::create();
#else
//以 new 的方式初始化调度器
        pt_dsptch__.reset(new dispatcher<cmdType>);
#endif
    }
    virtual ~mainLoop(){ stop(); }
```

exec()函数和 stop()函数用来启动或者关闭后台线程。在 dispatch()函数中从命令队列中读取命令数据内容,以便进行调度处理。

成员参数 m_is_running__是一个 std::atomic<bool>类型的数据,用于管理循环是否继续执行。当 m_is_running__的内容是 true 时连续执行,否则停止循环。

exec()方法并没有在后台运行线程,这样可以在使用时以主线程的方式运行整个应用。如果需要对命令模式模块以后台运行线程的方式进行使用,则应该在自己的代码中将 exec()方法运行在自己的线程中,代码如下:

```
//designM/eventDetail/mainLoop.hpp

    bool exec()
    {
        if(m_is_running__ == true) return true;

        m_is_running__ = true;
#if CMD_USE_SINGLETON
        dispatcher<cmdType> * p_dsptch = dispatcher<cmdType>::get();
#else
        dispatcher<cmdType> * p_dsptch = pt_dsptch__.get();
#endif
        if(p_dsptch == nullptr) return false;
        //采用无穷循环处理,dispatch()函数中会用到条件变量以控制消息队列
        while(m_is_running__.load()){
            p_dsptch->dispatch(m_over_time__.load());
        }

        return true;
    }

    void stop()
    {
        if(m_is_running__ == false) return;

        m_is_running__ = false;
#if CMD_USE_SINGLETON
        dispatcher<cmdType> * p_dsptch = dispatcher<cmdType>::get();
#else
        dispatcher<cmdType> * p_dsptch = pt_dsptch__.get();
#endif
        //如果命令队列中还存在数据,则放弃这些数据内容
        if(p_dsptch){
            p_dsptch->clear();
        }
    }
```

dispatch()方法对外提供调度器对象指针。外部程序需要使用调度器对象添加命令和执行模块的对应关系。如果使用单例模式获取调度器对象,则会变得更加方便,代码如下:

```
//designM/eventDetail/mainLoop.hpp

    dispatcher<cmdType> * getDispatch()
    {
#if CMD_USE_SINGLETON
        dispatcher<cmdType> * p_dsptch = dispatcher<cmdType>::get();
```

```
#else
        dispatcher<cmdType> * p_dsptch = pt_dsptch___.get();
#endif
        return p_dsptch;
    }
};
```

在使用单例模式实现命令模式时,下面的宏用来快速地创建单例的命令模式,代码如下:

```
//designM/eventDetail/mainLoop.hpp

#if CMD_USE_SINGLETON == 1
#define IMP_CMD(cmdType)  IMP_SINGLETON(mainLoop< cmdType >); \
    IMP_SINGLETON(dispatcher< cmdType>);
#endif
```

调度器 dispatcher 模块是命令模式的核心逻辑。在 dispatcher 中命令 ID 和函数对象是一对一的映射关系,模块不会出现一个命令触发多个操作的情况。

dispatcher 内部维护了策略模式管理命令 id 和函数对象的对应关系,根据消息内容中的 m_id__检索调用对应的函数。使用条件变量 std::condition_variable 管理线程的调度。可以通过 send()或者 emit()函数发送命令。使用 connect()函数来添加命令和函数对象的映射,也可以使用 disconnect()方法删除映射关系,代码如下:

```
//designM/eventDetail/dispatcher.hpp

#include <mutex>
#if CMD_USE_SINGLETON
#include "designM/singleton.hpp"
#endif

#include "designM/strategy.hpp"
#include "container/variant.hpp"
#include "event.hpp"

template< typename cmdType >
class dispatcher
#if CMD_USE_SINGLETON
  : public singleton< dispatcher<cmdType>>
#endif
{
public:
    using clock = std::chrono::high_resolution_clock;
    using timepoint = std::chrono::time_point< clock >;
    using eventQueue = std::queue< variant >;
    using strategy = wheels::dm::strategy< cmdType,
```

```
std::function< void (const variant&) >>;
protected:
    //消息队列
    eventQueue              m_store__;
    //策略模式实现一个函数映射表
    strategy                m_func_map__;
    std::mutex              m_mutex__;
    std::mutex              m_inform_mutex__;
    std::condition_variable m_notify__;
public:
    dispatcher(): m_store__(){}

    virtual ~dispatcher(){ clear(); }
```

send()函数和 emit()函数用来发出事件。发出事件不需要在外部构造 eventData 对象,而是利用模板函数直接发送数据,在 send()和 emit()内部会自动构造 variant 对象和 eventData 并将数据加入队列排队,同时根据 notify 进行选择,即立即通知调用还是等待调度,代码如下:

```
//designM/eventDetail/dispatcher.hpp

    template< typename dataType >
    void send(const cmdType& cmd, dataType&& data, bool notify = true)
    {
        eventData< cmdType >  evt_data(cmd, data);
        wheels::variant param = wheels::variant::make(evt_data);
        {
            std::lock_guard< std::mutex > locker(m_mutex__);
            m_store__.push(param);
        }
        if(notify){
            m_notify__.notify_one();
        }
    }

    template< typename dataType >
    void emit(const cmdType& cmd, dataType&& data, bool notify = true)
    {
        eventData< cmdType >  evt_data(cmd, data);
        wheels::variant param = wheels::variant::make(evt_data);
        {
            std::lock_guard< std::mutex > locker(m_mutex__);
            m_store__.push(param);
        }
        if(notify){
            m_notify__.notify_one();
```

```
        }
    }
//执行一次通知操作,执行一次调度循环
    void update(){ m_notify___.notify_one(); }
```

clear()函数用来清理队列中没有执行的数据对象部分。清理完成后执行一次通知,执行一次通知的主要目的是在循环开关关闭时快速结束主循环,代码如下:

```
//designM/eventDetail/dispatcher.hpp

    void clear()
    {
        std::lock_guard< std::mutex > lok(m_mutex__);

        while(!m_store__.empty()){
            m_store__.pop();
        }
        //清理掉所有数据后通知 dispatch,结束 dispath 的等待操作
        m_notify__.notify_all();
    }
```

connect()函数用来建立命令和函数对象的映射关系,disconnect()则用来解除这种关系。在当前的版本下,函数对象仅仅支持一个 wheels::variant 的参数,虽然通过这种数据类型可以包装多个参数,但是这个动作需要在业务代码中实现。connect()函数实际上是在策略模式的对象中新增的策略所对应的方法,代码如下:

```
//designM/eventDetail/dispatcher.hpp

    void disconnect(const cmdType& cmd)
    {
        m_func_map__.erase(cmd);
    }
    template<typename Func_t>
    bool connect(const cmdType& cmd, Func_t&& func)
    {
        std::lock_guard< std::mutex > lok(m_mutex__);
        m_func_map__.add(cmd, std::forward<Func_t>(func));
        return true;
    }
```

dipatch()函数是调度的核心,参数 ovttime 是配置条件变量等候的超时时间。通过对超时时间进行控制,为主循环中的停止循环提供关闭循环的机会。

在每次调用 dipatch()时,dispatch()从队列头部读取事件数据,然后根据事件数据执行对应的函数,代码如下:

```
//designM/eventDetail/dispatcher.hpp

    void dispatch(long ovttime)
```

```
    {
        if(m_store___.size() > 0){
            //如果队列中存在内容,则读取数据内容
            variant item;
            {
                std::lock_guard< std::mutex > lock(m_mutex___);
                item = m_store___.front();
                m_store___.pop();
            }
        //调用对应的函数
            auto evt_data = item.get< eventData<cmdType>>();
            m_func_map___.call(evt_data.m_id___, evt_data.m_data___);
        }else{
        //如果队列中不存在数据,则执行条件变量的等待操作,让出 CPU
            std::unique_lock<std::mutex> lok(m_inform_mutex___);
            timepoint tp{ std::chrono::milliseconds(ovttime) };
            m_notify___.wait_until(lok, tp);
        }
    }
};
```

在调用模块中命令队列并没有实现对命令队列上线的限制,也没有实现线程池来处理高负载的情况。读者在使用的过程中可以配合线程池模块和自己管理上限请求的情况,以提高内存方面和负载方面的安全和性能。

对外暴露通过接口使用一个头文件,在这个头文件中引入了命令数据模块、命令调度模块和主循环模块,并定义宏 CMD_USE_SINGLETON 在默认情况下以单例模式实例化命令模式模块,代码如下:

```
//designM/eventDetail/command.hpp

#if !defined(CMD_USE_SINGLETON)
#    define CMD_USE_SINGLETON    (1)
#endif

#include "designM/eventDetail/event.hpp"
#include "designM/eventDetail/dispatcher.hpp"
#include "designM/eventDetail/mainloop.hpp"

using commandUI = mainLoop< uint32_t >;
using commandStr = mainLoop< std::string >;
```

7.2.4 应用示例

在下面的示例中使用枚举类型定义了事件数据,采用默认单例模式实现模块。宏 IMP_CMD 用来准备单例模式的命令模式的对象存储,并在后续使用 create 方法对命令对象进

行初始化,代码如下:

```cpp
//第 7 章/command.cpp

#include <iostream>
#include <thread>
#include <condition_variable>
#include <mutex>
#include "designM/command.hpp"
#include "container/variant.hpp"
using namespace wheels;
using namespace dm;
enum class emEVT
{
    EVT_A, EVT_B, EVT_C
};
IMP_CMD(emEVT);
using evtLoop_t = mainLoop< emEVT >;
using evtDispt_t = dispatcher< emEVT >;
```

gMutex 和 cv 用来控制在异步运行的情况下整个程序的运行,和 EVT_C 响应处理函数配合起来,保证在所有的命令完成后再结束程序,代码如下:

```cpp
//第 7 章/command.cpp

std::mutex gMutex;
std::condition_variable cv;

int main()
{
    //创建事件循环
    auto * p_loop = evtLoop_t::create(10);
    if(p_loop == nullptr){
        return -1;
    }
}
```

获取调度器对象指针,实现在循环对象创建时自动创建调度器。程序中需要使用调度器关联事件和响应操作方法,代码如下:

```cpp
//第 7 章/command.cpp

    auto * p_dispt = p_loop->getDispatch();
    if(!p_dispt){
        return -2;
    }
    //关联事件 EVT_A
    p_dispt->connect(emEVT::EVT_A, [](const variant& data){
        int d = data.get< int >();
        std::cout << "EVT_A data: " << d << std::endl;
    });
```

```
    //关联事件 EVT_B
    p_dispt->connect(emEVT::EVT_B, [](const variant& data){
        std::string d = data.get< std::string >();
        std::cout << "EVT_B data: " << d << std::endl;
    });
    //关联事件 EVT_C
    p_dispt->connect(emEVT::EVT_C, [](const variant& data){
        double d = data.get< double >();
        std::cout << "EVT_C data: " <<  d << std::endl;
        //通知结束程序运行
        cv.notify_all();
    });
    //以线程的方式启动事件循环
    std::thread thd([= ]{
        p_loop->exec();
    });
    thd.detach();
```

发送事件,3 个事件使用不同的数据类型的参数,EVT_A 使用了 int 类型的事件参数;EVT_B 使用了 std::string 类型的事件参数;EVT_C 使用了 double 类型的事件参数。在事件处理函数中也必须使用同样的数据类型获取数据内容,否则 variant 在进行数据类型检查时会失败,代码如下:

```
    p_dispt->emit(emEVT::EVT_A, 11);
    p_dispt->emit(emEVT::EVT_B, std::string("abcdef"));
    p_dispt->emit(emEVT::EVT_C, 11.34);
    //等待完成通知结束程序运行,cv 条件变量会等候在 EVT_C 处理函数中的通知
    {
        std::unique_lock< std::mutex > lck(gMutex);
        cv.wait(lck);
    }

    p_loop->stop();
    return 0;
}
```

上述示例的运行结果如下:

```
EVT_A data: 11
EVT_B data: abcdef
EVT_C data: 11.34
```

7.3 解释器模式及其实现

解释器模式(Interpreter Pattern)是一种用于定义语言的文法并建立一个解释器来解释该语言中的句子。解释器模式主要应用于使用面向对象语言开发的编译器中,描述了如

何为简单的语言定义一个文法,如何在该语言中表示一个句子,以及如何解释这些句子。

解释器模式的核心思想是识别文法、构建解释。它通过抽象语法树(AST)等手段来描述语言的构成,并将每个终结符表达式、非终结符表达式都映射到一个具体的实例。这样,系统的扩展性比较好,因为每种终结符表达式、非终结符表达式都会有一个具体的实例与之相对应。

解释器模式的应用非常广泛,例如正则表达式就是一种常见的解释器模式应用。正则表达式定义了一个文法,通过特定的规则来匹配字符串,并可以灵活地解释这些规则。此外,解释器模式还可以应用于其他需要解析和解释特定语言的场景,如 XML 解析、JSON 解析等。

7.3.1 传统解释器模式

传统解释器通常包括抽象表达式(Abstract Expression,简写为 absExpression)、上下文(Context)和客户端(Client),如图 7-5 所示。

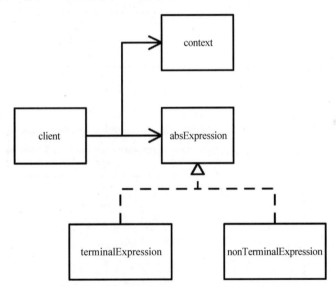

图 7-5 传统解释器模式 UML 简图

抽象表达式定义了解释器的操作,例如求值、求值符号等;解释器负责处理抽象语法树(AST)的节点,并执行相应的操作;语法规则定义了抽象语法树的构造和语法规则,用于生成抽象语法树;上下文是解释器所依赖的环境,它包含了解释器执行所需的数据和状态。

传统的解释器模式通常需要构建语法和抽象的语法树,这对于大多数开发者来讲工作量繁杂且容易出错。创建一个新的语法无论对于开发者还是使用者来讲都需要大量的研发和学习的投入。

而现在市场上存在着大量的普及的语言种类,包括编译型的语言和非编译型的语言,其中不少语言可以和 C/C++ 配合起来使用。

7.3.2 C++11元编程下的结构设计

在实际的工程应用中通常不会设计新的语法规则和构造 AST。这会造成大量的开发时间浪费,并不能从中获得足以支撑项目的回报,因此在绝大多数情况下,工程上使用现有的脚本语言作为自身项目的解释器。

在目前的市场上存在着大量的优秀脚本语言解释器,其中很多种提供了和 C/C++ 的交互接口,例如 JavaScript 的 V8、Python,特别是 Lua,为了在 C/C++ 中嵌入脚本而进行开发,另外还有 ChaiScript 项目,这是一个专为在 C++ 中嵌入脚本语言而开发的项目。

使用现有的脚本语言不但能够有效地降低用户的学习成本,而且能够有效地降低项目的开发成本及开发周期,因此在本书中定义了一个通用接口以图利用市场上现有的语言种类,特别是一些脚本语言,例如 Lua、JavaScript、Python 等,作为实际的语法模块和解释器实现具体可以在工程中使用的解释器模式模块。在实际工程中使用时仅需要实现和具体语言的接口部分就能够轻松地实现解释模块,如图 7-6 所示。

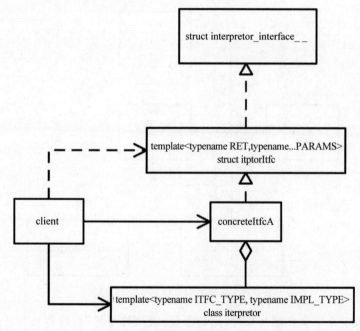

图 7-6 C++11模板解释器模式 UML 简图

其中,interpretor_interface__主要用来检查继承关系;itptorItfc 用于定义抽象调用接口;concreteItfcA 是实际调用外部语言解释器的实现,从 itptorItfc 实现;iterpretor 是对外的解释器模块,针对业务暴露相对应的方法。

7.3.3 实现和解析

本书中的实现主要采用统一操作接口,将实际的解释执行部分交由外部实现,主要分为

3 部分,一是规范接口继承关系;二是接口定义;三是引出针对 C++ 使用的方法,实现了通过异步调用外部语言的功能,代码如下:

```cpp
//designM/interpretor.hpp

namespace itprtor_private__
{
    struct interpretor_interface__{};
}

template< typename RET, typename ...PARAMS >
struct itptorItfc : public interpretor_interface__
{
    virtual RET execString(const std::string& str, PARAMS ...args) = 0;
    virtual RET execFile(const std::string& file, PARAMS ...args) = 0;
};
```

使用 struct itptorItfc 定义接口在使用上过于简单,在实际工程中容易造成接口不足。下面定义 3 个宏用来弥补这个不足,通过 3 个宏配合可以方便地声明更加灵活的接口,代码如下:

```cpp
//designM/interpretor.hpp

#define DECLARE_INTERPRETOR_ITFC(name) \
struct name : public interpretor_interface__

#define INTERPRETOR_ITFC(RET,name,...)  virtual RET name(__VA_ARGS__) = 0;

#define END_DECLARE_INTERPRETOR_ITFC()  };
```

实际解释器可以使用外部的脚本语言,例如 Lua、JavaScript 和 Python 等。如何调用这些不同的解释语言,甚至自定义自己的语言,可以针对 IMPL_TYPE 进行具体实现,代码如下:

```cpp
//designM/interpretor.hpp

template < typename ITFC_TYPE, typename IMPL_TYPE >
class iterpretor
{
public:
    using itfc_t = typename std::remove_pointer<
        typename std::decay< ITFC_TYPE >::type >::type;
    using impl_t = typename std::remove_pointer<
        typename std::decay< IMPL_TYPE >::type >::type;

    static_assert(std::is_base_of< itfc_t, impl_t >::value, "");
protected:
    //实际的脚本引擎对象
```

```
        std::shared_ptr< impl_t >      pt_impl__;
protected:

public:
    iterpretor(){}
    virtual ~iterpretor(){}
    //工厂函数用来创建解释器对象,并构造创建实际的解释器引擎
    template< typename ...Params >
    static std::shared_ptr< iterpretor<itfc_t, impl_t >>
    make_shared(Params&& ...args)
    {
        auto ret = std::make_shared<iterpretor< itfc_t, impl_t >>();
        //构造实际的解释器引擎
        ret->pt_impl__ = std::make_shared< impl_t >(
                std::forward< Params >(args)...);
        return ret;
    }
```

函数 execStringAsync()和函数 execFileAsync()用来异步地执行脚本任务。考虑到C++的执行效率通常高于外部的脚本解释器,模块没有提供同步的执行方法。execStringAsync()函数用来执行一段字符串,execFileAsync()函数则用来执行给定的脚本文件。

执行结果通过 std::future 对象返回,通过回调函数方式包覆进行执行处理,可以方便地在执行前和执行后完成一些自定义的处理动作。两个执行方法都支持以可变参数的方式提交参数,增加了方法的通用性,代码如下:

```
//designM/interpretor.hpp

template< typename Func_t, typename... Args >
auto execStringAsync(const std::string& str,
                     Func_t&& func,
                     Args&& ...args)
->std::future< typename std::result_of<
        Func_t(std::shared_ptr<impl_t> , const std::string&, Args...) >::
type >
{
```

两个执行解释器的方法都使用元函数 std::result_of 推导返回值的类型,然后使用 std::packaged_task 封包任务函数,最后获取异步返回的 std::future 对象 ret。最好使用 std::thread 异步执行任务,返回结果则通过 std::future 对象获取,代码如下:

```
//designM/interpretor.hpp

    using rst_type = typename std::result_of<
        Func_t(std::shared_ptr<impl_t> ,
         const std::string&, Args...)>::type;
    std::packaged_task< rst_type() >
```

```
        task(std::bind(std::move(func), pt_impl__, str,
                        std::forward<Args>(args)...));

    auto ret = task.get_future();
    std::thread thd(std::move(task));
    thd.detach();

    return ret;
}

template< typename Func_t, typename... Args >
auto execFileAsync(const std::string& file,
                    Func_t&& func,
                    Args&& ...args  )               //参数表结束
    ->std::future< typename std::result_of<    //返回值类型推导
        Func_t(std::shared_ptr<impl_t> ,
            const std::string&, Args...)>::type >
{
    using rst_type = typename std::result_of<
        Func_t(const std::string&,
        std::shared_ptr<impl_t> , const std::string&, Args...)>::type;
    std::packaged_task< rst_type() >
        task(std::bind(std::move(func), pt_impl__, file,
            std::forward<Args>(args)...));

    auto ret = task.get_future();
    std::thread thd(std::move(task));
    thd.detach();

    return ret;
}
};
```

7.3.4　应用示例

下面的示例使用 Lua 脚本语言解释器实现一个语法解释器。接口使用了模块预定义的接口，并进行特化和实现，头文件、相关设计模式头文件和准备工作的代码如下：

```
//第 7 章/luaInptor.cpp

#include <iostream>
#include <lua.hpp>
#include <lualib.h>
#include <lauxlib.h>

#include "designM/interpretor.hpp"
using namespace wheels;
using namespace dm;
```

特化接口模块定义别名 itfc_type，并从接口模块 itfc_type 继承实现 LuaInterpreter 和 Lua 解释器模块。在这个模块中针对 execString 实现具体功能，使用 Lua 引擎执行提供的脚本并返回计算结果，代码如下：

```cpp
//第 7 章/luaInptor.cpp

using itfc_type = itptorItfc<int >;
//Lua 解释器实现类
class LuaInterpreter : public itfc_type {
public:
    LuaInterpreter() {}
    virtual int execFile(const std::string& file) override{ return 0; }
    virtual int execString(const std::string& str) override {
        auto * L = luaL_newstate();                   //初始化 Lua 状态机
        //输出脚本内容
        std::cout << str << std::endl;
        luaL_openlibs(L);                             //加载标准库
        //luaL_loadstring加载并执行 Lua 脚本, lua_pcall 执行脚本内容
        if (luaL_loadstring(L, str.c_str()) || lua_pcall(L, 0, 1, 0)) {
            std::cerr << "Failed to execute Lua script: " << lua_tostring(L, -1)
                    << std::endl;
            lua_close(L);                             //清理 Lua 状态机
            return -1;                                //返回错误码
        } else {                                      //执行成功,返回结果
            int result = lua_tonumber(L, -1);         //获取结果,并关闭 Lua 状态机
            lua_close(L);
            return result;
        }
    }
};
```

创建 Lua 执行器对象，用来使用 Lua 脚本作为解释器，函数 func 是实际的执行部分，在这个函数内部 execString()方法调用 Lua 解释执行并将结果返回。参数 str 就是要执行的脚本内容，pimpl 是解释器实现对象的指针，代码如下：

```cpp
//第 7 章/luaInptor.cpp

using luaExecutor = iterpretor< itfc_type, LuaInterpreter >;

int func(std::shared_ptr< luaExecutor::impl_t > pimpl,
        const std::string& str  )
{
    if(pimpl){
            return pimpl->execString(str);
    }
    return -1;
```

```
}

int main()
{
    //创建执行器指针,用于异步执行 Lua 脚本
    auto luaExecutorPtr = luaExecutor::make_shared();
    //异步执行 Lua 脚本,并获取结果 future。这里要执行的脚本就是
    //retrun 2 + 2
    auto luaFuture = luaExecutorPtr->execStringAsync("return 2 + 2", func);
    //因为对外执行方法是异步执行,所以这里要等候一段时间以让脚本完成
    std::this_thread::sleep_for(std::chrono::seconds(1));
    //获取结果并输出,等待异步执行完成
    std::cout << "Lua script result: " << luaFuture.get() << std::endl;
    return 0;
}
```

以上代码的执行结果如下,第 1 行是脚本内容,第 2 行是执行结果:

```
return 2 + 2
Lua script result: 4
```

7.4　迭代器模式及其实现

迭代器模式(Iterator Pattern)提供一种统一的方式来遍历集合对象中的元素,而无须暴露集合的内部表示方式。该模式将遍历操作封装在一个独立的迭代器对象中,从而可以对集合进行迭代而不暴露其底层结构。

迭代器模式的角色组成包括抽象迭代器(Iterator)和具体迭代器(Concrete Iterator)。抽象迭代器定义了遍历聚合对象所需的方法,例如 hasNext()和 next()方法等。具体迭代器则是实现迭代器接口的具体实现类,负责具体的遍历逻辑,保存当前遍历的位置信息,并可以根据需要向前或向后遍历集合元素。

迭代器模式的本质是控制访问聚合对象中的元素。通过封装、隔离和统一接口,迭代器模式实现了对集合的遍历行为的灵活性和扩展性。它使客户端代码与具体集合解耦,提高了代码的可维护性和可复用性。

在 C++11 标准库中提供了一个通用的模板类 std::iterator,它提供了一种通用的迭代器定义方式。通过继承 std::iterator,可以方便地定义自己的迭代器类型以满足特定容器的遍历需求,并且以此实现的迭代器可以和 STL 中提供的算法相互配合。

考虑到 C++11 标准库中提供了对应功能,本书不对迭代器模式以新的方式进行实现。下面给出一个使用 std::iterator 实现的迭代器示例。

avlIterator 是平衡二叉树(AVL)容器的迭代器模块。迭代器从 std::iterator 继承,内部维护了 AVL 节点的指针 p_node__,以及一个用于循环遍历处理的栈 m_stack__,代码

如下：

```
//container/avl.hpp

class avlIterator: public std::iterator<
    std::forward_iterator_tag, node_t >
{
friend class avl;
private:
    node_t            * p_node__;
    std::stack< node_t * >  m_stack__;
public:
    avlIterator__(node_t * node):p_node__(node){}
    avlIterator__(const avlIterator__ & b):
      p_node__(b.p_node__),m_stack__(b.m_stack__){}
```

在模块中需要针对++操作符进行重载，满足迭代器的++操作。重载方法的内部实际使用树的遍历操作，每次执行一个节点的变动，将中间的状态通过 m_stack__ 进行维护。当前的节点保存 p_node__，代码如下：

```
//container/avl.hpp

    avlIterator& operator++()
    {
        node_t * top = nullptr;
        if(m_stack__.size() > 0){
            top =m_stack__.back();
        }
        //优先访问左子树
        if((top == nullptr) ||
        (top != nullptr &&
        top->p_left != p_node__ &&
        top->p_right != p_node__ &&  p_node__->p_left != nullptr)){
            m_stack__.push_back(p_node__);
            p_node__ = p_node__->p_left;
            return * this;
        }
        //访问右子树
        if(top != nullptr &&
            top->p_right != p_node__ &&  p_node__->p_right != nullptr){
            m_stack__.push_back(p_node__);
            p_node__ = p_node__->p_right;
            return * this;
        }

        p_node__ = top;
        m_stack__.pop_back();
```

```
                if(m_stack__.size() > 0){        //递归调用以弹出栈顶
                        return operator++();
                }else{                           //满足 end()条件
                        p_node__ = nullptr;
                }
                return * this;
        }

        avlIterator operator++(int)
        {
            avlIterator__ tmp( * this);
            operator ++ ();
            return tmp;
        }

bool operator==(const avlIterator__& b) const
{
    return p_node__ == b.p_node__;
}
bool operator!=(const avlIterator__& b) const
{
    return p_node__ != b.p_node__;
}
```

针对 * 和->操作进行重载，实现迭代器的解引用和指针操作，代码如下：

```
value_type& operator * () { return p_node__->m_data; }
value_type * operator->() { return &p_node__->m_data; }
};
```

通过以上方式就可完成迭代器的实现，在 AVL 容器中增加两种方法 begin 和 end，用于获取迭代器的开始和终止位置。对于 AVL 方法的实现，代码如下：

```
iterator begin(){ return iterator(proot); }
iterator end(){ return iterator(nullptr);}
```

7.5 中介者模式及其实现

中介者模式(Mediator Pattern)用于降低多个对象之间的直接耦合，通过引入一个中介对象来协调这些对象的交互。中介者模式通过集中控制对象之间的通信，使其松散耦合，从而提高系统的可维护性和可扩展性。

在中介者模式中，对象之间不再直接相互引用和交互，而是通过一个中介对象进行通信。中介对象封装了对象之间的通信逻辑，并提供统一的接口供对象之间进行交互。这样，对象只需和中介对象进行交互,而不需要知道其他对象的存在,从而减少了对象之间的依赖关系。

中介模式能够降低耦合度,通过引入中介对象将多个对象之间的直接耦合关系转换为通过中介对象的松散耦合关系降低系统各部分之间的耦合度;提高可维护性和可扩展性,中介对象可以集中控制对象之间的通信,使系统的维护和扩展更加方便;增强可重用性,中介对象封装了对象之间的通信逻辑,可以将特定的通信行为从各个对象中分离出来,提高系统的可重用性。

7.5.1　传统中介者模式

传统中介者模式通常包含抽象中介者(Mediator)、具体中介者(ConcreteMediator)和抽象同事类(Colleague),如图 7-7 所示。

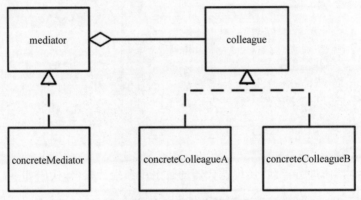

图 7-7　传统中介者模式 UML 简图

(1) 抽象中介者是中介者的接口,提供了同事对象注册与转发同事对象信息的抽象方法。

(2) 具体中介者实现中介者接口,定义一个 list 来管理同事对象,协调各个同事角色之间的交互关系,因此它依赖于同事角色。

(3) 抽象同事类用于定义同事类的接口,保存中介者对象,提供同事对象交互的抽象方法,实现所有相互影响的同事类的公共功能。

7.5.2　C++11元编程下的结构设计

本书中中介者模式同事接口类 colleagurItf 使用模板实现,可以支持任何参数的消息发送操作。接口类中实现了发送和接收的接口。具体同事类 concreteColleagueA 和 concreteColleagueA 继承并实现对应接口,如图 7-8 所示。

中介者模板类 mediator 支持异步和同步的消息传递方式,在异步方式下内部维护了一个后台运行的线程,并使用 std::tuple 传递消息内容,传递过程使用消息队列维护中间过程,每条消息体中都记录了源头和目标。

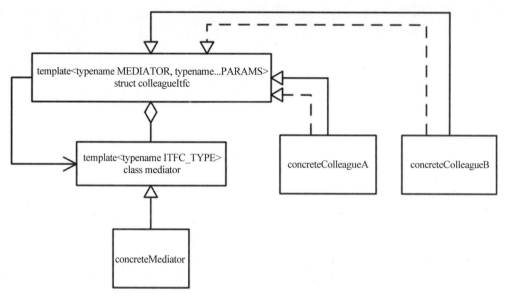

图 7-8　C++11模板中介模式 UML 简图

7.5.3　实现和解析

代码主要分成两部分,一是接口部分,针对同事角色定义接口,send 方式在默认情况下只执行简单的转发操作;接收消息操作默认为纯虚函数,由具体业务实现。既支持以参数方式传递消息,也支持以 std::tuple 方式对消息进行打包发送。在使用 std::tuple 的情况下使用异步的方式进行消息传递。

使用宏 MEDIATOR_USE_TUPLE 在编译期明确是使用参数的方式传递消息,还是以异步的方式传递消息,在本模块的视线中,在默认情况下使用异步方式传递消息,代码如下:

```
//designM/mediator.hpp

#include <type_traits>
#include <memory>
#include <unordered_set>
#include <algorithm>
#include <vector>

#if !defined(MEDIATOR_USE_TUPLE)
#define MEDIATOR_USE_TUPLE (1)
#endif

#if MEDIATOR_USE_TUPLE == 1
#include <tuple>
```

```
#include <thread>
#include <condition_variable>
#include <functional>
#include <mutex>
#include <queue>
#include <atomic>
#endif
```

所有的同事类都应该从 colleagueBase 继承。编译时 mediator 模板类内部会对同事的继承关系进行检查,如果继承源头不正确就会编译失败,代码如下:

```
namespace private__
{
    struct colleagueBase{};
}
```

在不使用异步操作时使用直接传递消息参数的方式。这时发送和接收处理直接使用参数的方式进行传递。当使用异步方式进行中介处理时接收处理的参数实际上会被封包成 std::tuple。

模板参数 MEDIATOR 用来明确 mediator 模块的确定类型,PARAMS 模板参数用来定义传递的消息数据类型,代码如下:

```
//designM/mediator.hpp

#if MEDIATOR_USE_TUPLE
template< typename MEDIATOR, typename ...PARAMS >
struct colleagueItfc : public private__::colleagueBase
{
public:
    using mediator_t = typename std::remove_pointer<
        typename std::decay<MEDIATOR>::type >::type;
    using mediaItfc_t = typename mediator_t::itfc_t;
    using tuple_t = std::tuple< PARAMS... >;
protected:
```

记录中介者对象的指针,用于发送时调用对应的 dispatch()方法以传递消息或者调用目标以接收方法,代码如下:

```
//designM/mediator.hpp

    std::shared_ptr< mediator_t >    pt_mediator__;
public:
    colleagueItfc(std::shared_ptr< mediator_t > m):pt_mediator__(m){}
    virtual ~colleagueItfc(){}
```

接口内定义 3 个发送消息的方法,发送消息的数据类型采用可变的模板参数以提高通用性。在这 3 种方法中 send()方法用于向所有不是自己的同事发送消息;sendTo()方法用于向指定的单个目标发送消息；最后一个 sendToDests() 方法用于向一组目标发送消息。

在接口定义中，这 3 种方法都是以虚函数的方式定义的，派生类中如果不针对这些方法进行新的处理，则这些方法只用于简单地调用中介模板类的 dispatchXXX() 方法，代码如下：

```cpp
//designM/mediator.hpp

    template< typename ...Params>
    void send(Params&& ...args)
    {
        pt_mediator__->dispatch(
            (mediaItfc_t *)this, std::forward<Params>(args)...);
    }
    template< typename ...Params>
    void sendTo(std::shared_ptr< mediaItfc_t > to, Params&& ...args) {
        pt_mediator__->dispatchTo(to, std::forward<Params>(args)...);
    };
    template< typename ...Params>
    void sendToDests(std::vector< std::shared_ptr< mediaItfc_t >> dests,
            Params&& ...args)
    {
        pt_mediator__->dispatchToDests(dests,
            std::forward<Params>(args)...);
    };
```

接收处理接口被定义为纯虚函数，在子类中必须实现，并且可以根据实际收到的内容进行相关的逻辑处理。通常情况下，这些处理内容是强业务相关的。在使用 std::tuple 传递消息的实现中，recv 方法的参数是 std::tuple 类型的数据，代码如下：

```cpp
    virtual void recv(const std::tuple<PARAMS...>& tpl  ) = 0;
};
#else
```

下面是以参数进行消息传递方式的接口定义，两个模板参数的含义是一致的，主要区别在 recv() 的参数表上，代码如下：

```cpp
//designM/mediator.hpp
template< typename MEDIATOR, typename ...PARAMS >
struct colleagueItfc : public private__::colleagueBase
{
public:
    using mediator_t = typename std::remove_pointer<
        typename std::decay<MEDIATOR>::type >::type;
    using mediaItfc_t = typename mediator_t::itfc_t;
protected:
    std::shared_ptr< mediator_t >    pt_mediator__;
```

```
public:
    colleagueItfc(std::shared_ptr< mediator_t > m):pt_mediator__(m){}
    virtual ~colleagueItfc(){}

    template< typename ...Params>
    void send(Params&& ...args){
        pt_mediator__->dispatch((mediaItfc_t *)this,
            std::forward<Params>(args)...);
    }

    template< typename ...Params>
    void sendTo(std::shared_ptr< mediaItfc_t > to, Params&& ...args){
        pt_mediator__->dispatchTo(to, std::forward<Params>(args)...);
    };

    template< typename ...Params>
    void sendToDests(std::vector< std::shared_ptr< mediaItfc_t >> dests,
            Params&& ...args){
        pt_mediator__->dispatchToDests(dests,
            std::forward<Params>(args)...);
    };
    //参数表是可变参量的参数内容,而不是 std::tuple
    virtual void recv(const PARAMS& ...args) = 0;
};
#endif
```

mediator 模板类是中介者模式的核心代码,根据消息传递方式的不同模板参数不同。两种方式都存在 ITFC_TYPE 参数,用来明确接口类型。

在使用 std::tuple 方式时,使用 Params 来明确 std::tuple 的具体类型,并通过 std::tuple<Params...>类型明确消息队列的类型,代码如下:

```
//designM/mediator.hpp

template< typename ITFC_TYPE
#if MEDIATOR_USE_TUPLE
        , typename ...Params
#endif
>
class mediator
{
public:
    using itfc_t = typename std::remove_pointer<
        typename std::decay<ITFC_TYPE>::type >::type;
    using data_t = std::unordered_set< std::shared_ptr< itfc_t >>;
#if MEDIATOR_USE_TUPLE
    using tuple_t = typename std::tuple<Params...>;
```

消息结构体是定义异步传递的消息的数据结构,在该数据结构中记录了目标接收者的指针和消息数据内容。当调用发送操作 sendXXX()方法时,dispatchXXX()方法构建消息数据并把消息数据加入消息队列。由于消息结构体实际是成对的数据结构,所以也可以使用 std::pair<>模板类,代码如下:

```
//designM/mediator.hpp

    struct stMsgs{
        std::shared_ptr< itfc_t >   pt_dst__;          //接收者
        std::shared_ptr< tuple_t >  m_data__;          //消息内容
    };
#endif
protected:
```

同事表 m_colleague__用于记录所有中介者能够访问的同事对象。这是一个 std::unordered_set 类型的记录,unordered_set 实际上使用哈希表来存储数据,访问的时间复杂度为 $O(1)$,这时根据消息访问同事的效率是非常高的,代码如下:

```
//designM/mediator.hpp

    data_t                  m_colleague__;
#if  MEDIATOR_USE_TUPLE
    std::queue< stMsgs >    m_msgs__;          //消息队列
    std::condition_variable m_cnd_var__;       //当采用异步处理时需要考虑线程安全性
    std::atomic< bool >     m_is_running__;    //线程运行标记
    std::mutex              m_mutex__;
protected:
    void backend__(){
```

m_is_running__判断后台线程是否需要继续运行,逐个地在消息队列中读取数据消息内容,并调用目标的 recv()函数进行处理,如果消息表中没有内容,则等候消息。也就是如果消息队列中有消息内容,则快速地处理完成所有的消息,否则使线程保持在等待状态。当有新的消息时,发送操作会通知条件变量以唤醒线程进行处理,代码如下:

```
//designM/mediator.hpp

        while(m_is_running__.load()){
            std::unique_lock< std::mutex > lck(m_mutex__);
            if(!m_msgs__.empty()){
                auto item = m_msgs__.front();
                item.pt_dst__->recv( * item.m_data__);
                m_msgs__.pop();
            }else{
                m_cnd_var__.wait(lck);
            }
```

```
        }
    }
#endif
public:
    mediator():m_is_running__(false){}
    virtual ~mediator(){}
```

函数 add()和函数 erase()用来添加和删除同事对象。在使用 std::tuple 方式时会使用 unique_lock 对操作加锁后进行处理,代码如下:

```
//designM/mediator.hpp

    void add(std::shared_ptr< itfc_t > colleague)
    {
#if MEDIATOR_USE_TUPLE
        std::unique_lock< std::mutex >  lck(m_mutex__);
#endif
        m_colleague__.insert(colleague);
    }

    void erase(std::shared_ptr< itfc_t > colleague)
    {
#if MEDIATOR_USE_TUPLE
        std::unique_lock< std::mutex >  lck(m_mutex__);
#endif
        auto it = std::find(m_colleague__.begin(), m_colleague__.end(), colleague);
        if(it != m_colleague__.end()){
            m_colleague__.erase(it);
        }
    }
#if MEDIATOR_USE_TUPLE
```

run()方法在 MEDIATOR_USE_TUPLE==1 的情况下才会参与编译。这种方法用来启动或者关闭后台线程。当参数 sw==true 时启动线程,否则关闭线程。如果后台线程已经正在运行,则在调用 run(true)时不会有任何动作,代码如下:

```
//designM/mediator.hpp

    bool run(bool sw)
    {
        if(m_is_running__.load() == sw) return false;

        m_is_running__ = sw;
        if(sw){
            std::thread thd(std::bind(&mediator::backend__, this));
            thd.detach();
        }else{
```

　　结束后台线程时先把运行标志设置为 false,然后清理所有已经在排队的消息,最后通知在等待的线程结束等待。这里需要注意的是模块会在结束时放弃还没有执行的后续所有消息,代码如下:

```
//designM/mediator.hpp

        std::unique_lock< std::mutex > lck(m_mutex__);
        while(!m_msgs__.empty()){
            m_msgs__.pop();
        }
        m_cnd_var__.notify_one();
    }
    return true;
}
```

　　dispatchXXXX()方法用来转发消息。在消息转发前先构造 std::tuple 对象,tuple 的类型需要使用 PARAMS 进行推导,但是由于 PARAMS 是万能应用,可能导致推导内容不能满足与实际传递过来的内容完全匹配来构造 tuple,所以使用 std::decay 移除修饰内容后再构造 std::shared_ptr。使用 std::shared_ptr 来传递消息,避免进队/出队的操作过程中的对象构造和内存复制,代码如下:

```
//designM/mediator.hpp

    template< typename ...PARAMS >
    void dispatch(itfc_t * sender, PARAMS&& ...args)
    {
        static_assert(std::is_base_of<private__::colleagueBase,
                itfc_t >::value, "");

        auto pt_tpl = std::make_shared<
            std::tuple< typename std::decay<PARAMS>::type...>>(
                std::forward<PARAMS>(args)...);
        std::unique_lock< std::mutex >  lck(m_mutex__);

        for (auto colleague : m_colleague__) {
            //如果目标对象是自己,则不构造消息内容,否则构造消息内容
            //并将消息添加到消息队列中
            if (colleague.get() != sender) {
                stMsgs msg = { colleague, pt_tpl };
                m_msgs__.push(msg);
            }
        }
        //所有的消息排队后唤醒后台线程并开始处理消息
        m_cnd_var__.notify_one();
    }

    template< typename ...PARAMS >
    void dispatchTo(std::shared_ptr< itfc_t > to, PARAMS&& ...args)
```

```
    {
        static_assert(std::is_base_of<private__::colleagueBase,
            itfc_t >::value, "");
        //查找目标对象,如果目标对象在同事表中,则构造消息排队,然后发出通知
        auto it = std::find(m_colleague__.begin(), m_colleague__.end());
        if(it != m_colleague__.end()){
            auto pt_tpl = std::make_shared<
                std::tuple< typename std::decay<PARAMS>::type...>>(
                    std::forward<PARAMS>(args)...);
            stMsgs msg = { to, pt_tpl };
            m_msgs__.push(msg);
        }

        m_cnd_var__.notify_one();
    }

    template< typename ...PARAMS >
    void dispatchToDests(std::vector< std::shared_ptr< itfc_t >> dests,
    PARAMS&& ...args)
    {
        static_assert(std::is_base_of<private__::colleagueBase,
            itfc_t >::value, "");
        auto pt_tpl = std::make_shared<
            std::tuple<typename std::decay<PARAMS>::type...>>(
                std::forward<PARAMS>(args)...);

        for(auto to : dests){
            auto it = std::find(m_colleague__.begin(),
                                m_colleague__.end(), to);
            if(it != m_colleague__.end()){
                stMsgs msg = { to, pt_tpl };
                m_msgs__.push(msg);
            }
        }
    m_cnd_var__.notify_one();
}
#else
    bool run(bool){ return true; }
```

在以参数的传递方式实现中,dispatchXXXX()方法直接调用目标对象的 recv()函数进行处理。在这种情况下需要特别注意,不能在同事对象 recv()方法中调用 sendXXX()方法,否则容易造成无法终止递归调用,代码如下:

```
//designM/mediator.hpp

    template< typename ...PARAMS >
    void dispatch(itfc_t * sender, PARAMS&& ...args)
    {
        static_assert(
```

```
            std::is_base_of<private__::colleagueBase, itfc_t >::value, "");
        for (auto colleague : m_colleague__) {
            if (colleague.get() != sender) {
                colleague->recv(std::forward<PARAMS>(args)...);
            }
        }
    }
    template< typename ...PARAMS >
    void dispatchTo(std::shared_ptr< itfc_t > to, PARAMS&& ...args)
    {
        static_assert(
            std::is_base_of<private__::colleagueBase, itfc_t >::value, "");
        auto it = std::find(
            m_colleague__.begin(), m_colleague__.end(), to);
        if(it != m_colleague__.end()){
            to->recv(std::forward<PARAMS>(args)...);
        }
    }

    template< typename ...PARAMS >
    void dispatchToDests(std::vector< std::shared_ptr< itfc_t >>
            dests, PARAMS&& ...args)
    {
        static_assert(
            std::is_base_of<private__::colleagueBase,itfc_t>::value, "");
        for(auto to : dests){
            auto it = std::find(m_colleague__.begin(), m_colleague__.end(), to);
            if(it != m_colleague__.end()){
                to->recv(std::forward<PARAMS>(args)...);
            }
        }
    }
#endif
};
```

7.5.4 应用示例

在下面的示例中使用 std::tuple 的方式传递消息,同时使用异步方式进行消息传递。由于同事类和中介类中间存在交互依赖的关系,所以这里首先需要声明同事类,然后实现同事类。定义一个类,继承自 colleagueItfc 接口,仅实现 recv()方法,在 recv()方法中获取数据内容并显示在终端上,代码如下:

```
//第7章/mediator.cpp

#include <string>
#include <iostream>
#include <thread>
```

```cpp
#include <chrono>
#include "designM/mediator.hpp"      //包含中介者模式模块头文件

class MyColleague;
//对中介者模式模块进行特化并定义一个别名以方便编程
using mediator_t = mediator< MyColleague, std::string >;

class MyColleague : public colleagueItfc<mediator_t, std::string> {
public:
    MyColleague(const std::string& name, std::shared_ptr<mediator_t> ptr) :
    colleagueItfc(ptr), name_(name) {}
    //recv方法的实现
    virtual void recv(const std::tuple<std::string>& msg) override {
        std::cout << name_ << " received: " << std::get<0>(msg) << std::endl;
    }

private:
    std::string name_;
};

int main()
{
    //创建中介者模式对象
    auto med = std::make_shared<mediator_t>();
    //创建3个同事,并分别使用不同的名字Colleague1、Colleague2、Colleague3
    //这3个同事都和med中介相关联
    auto col1 = std::make_shared<MyColleague>("Colleague1", med);
    auto col2 = std::make_shared<MyColleague>("Colleague2", med);
    auto col3 = std::make_shared<MyColleague>("Colleague3", med);

    med->add(col1);
    med->add(col2);
    med->add(col3);
    //启动后台线程
    med->run(true);

    //Colleague3向其他所有的同事发送消息Hello, everyone!
    col3->send("Hello, everyone!");
    //同事Colleague2回复Colleague3的内容为Hello, Colleague3!
    col2->sendTo(col3, std::string("Hello, Colleague3!"));
    //等候所有的处理完成,然后结束后台线程并结束程序
    std::this_thread::sleep_for(std::chrono::milliseconds(1000));
    med->run(false);
    return 0;
}
```

运行结果如下：

```
Colleague2 received: Hello, everyone!
Colleague1 received: Hello, everyone!
Colleague3 received: Hello, Colleague3!
```

7.6 备忘录模式及其实现

备忘录模式（Memento Pattern）的目的是在不违背封装原则的前提下，捕获对象的内部状态，并在之后能够恢复到该状态。

备忘录模式的优点是可以在不破坏对象封装的情况下恢复对象的状态。它将状态保存在备忘录对象中，从而对外部是不可见的。同时，备忘录模式使原发器对象的状态管理由负责人对象来完成，从而提高了代码的可维护性和可扩展性。

备忘录模式可能会消耗较大的内存空间，特别是在保存大量状态的情况下，其次，备忘录模式的实现可能会增加代码的复杂性和维护成本。

7.6.1 传统备忘录模式

传统备忘录模式一般涉及 3 个角色：原发器（Originator）、备忘录（Memento）和负责人（Caretaker），如图 7-9 所示。

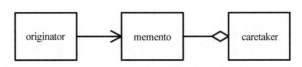

图 7-9 传统备忘录模式 UML 简图

（1）原发器是具有内部状态的对象，它可以创建备忘录对象，将自身的状态保存到备忘录对象中，也可以从备忘录对象中恢复自身的状态。

（2）备忘录是一个中间对象，它保存了原发器的内部状态。备忘录对象对外部是不可见的，只有原发器能够操作它。

（3）负责人是用于管理备忘录对象的对象，它可以保存备忘录对象，或者在需要时从备忘录中恢复原发器的状态。

7.6.2 C++11元编程下的结构设计

使用C++11元编程方式将状态数据用模板参数代替，然后整体结构的构成仍然和传统的方式保持一致。采用这种设计方式能够在提高代码的通用性的同时保持和传统模式一致，也保持了编码习惯的一致，如图 7-10 所示。

7.6.3 实现和解析

备忘录模式代码分成两部分，分别是以名字空间 private__保护起来的部分和对外暴露

图 7-10　C++11模板备忘录模式 UML 简图

出来的部分,类 memento 和 originator 被保护在 private__名字空间内,类 caretaker 是唯一暴露给使用者的接口类。

memento 和 originator 在使用时通过在类 caretaker 中的别名来获取具体类型,这样做的好处是在特化处理时仅需要特化一个 caretaker 便能够简化开发过程的编码工作。

备忘录类 memento 实际上是一个备忘录条目,多个备忘录条目会记录在 caretaker 中,memento 模板类的模板参数 T 是状态数据类型,代码如下:

```cpp
//designM/memo.hpp

namespace private__{
    template<typename T>
    class memento {
        static_assert(std::is_copy_constructible< T >::value, "必须支持复制构造");
        static_assert(std::is_copy_assignable< T >::value, "必须支持赋值复制操作");
    public:
        memento(const T& state) : m_state__(state) {}

        T getState() const {
            return m_state__;
        }
        //重载箭头操作符号和解引用操作符,方便数据访问
        T * operator->(){return &m_state__;}
        T& operator * (){return m_state__;}
    private:
        T m_state__;
    };
```

原发器 originator 可以用来操作备忘录,将自己的状态添加到备忘录中或者从备忘录中恢复状态。成员函数 setState 和 getState 用来指定或者获取 createMemento 状态数据。createMemento()和 restoreMemento()成员函数用来创建或者恢复状态,代码如下:

```cpp
template<typename T>
class originator
{
public:
    void setState(const T& state)
    {
        m_state__ = state;
    }

    T& getState()
```

```
    {
        return m_state__;
    }

    memento<T> createMemento() const
    {
        return memento<T>(m_state__);
    }

    void restoreMemento(const memento<T>& memento)
    {
        m_state__ = memento.getState();
    }

    T * operator->() { return &m_state__; }
    T& operator * () { return m_state__; }

    private:
        T m_state__;
    };
}
```

　　模板类 caretaker 记录了所有备忘录信息。模板参数 T 是备忘录状态的数据类型,内部针对 T 进行退化和移除指针的操作,用来提高 T 函数的覆盖范围,从而增加类的通用性。

　　内部针对原发器类 private__::originator 和备忘录类 private__::memento 进行别名处理。在使用备忘录模块时可以通过 caretaker::memo_t 获取备忘录类型,使用 caretaker::orgnt_t 获取原发器类型,代码如下:

```
template<typename T>
class caretaker
{
public:
    using stat_t = typename std::remove_pointer<
                    typename std::decay< T>::type>::type;

    using memo_t = private__::memento< stat_t >;
    using orgnt_t = private__::originator< stat_t >;
public:
    caretaker(){}
    virtual ~caretaker(){}
```

　　成员函数 add()用来添加备忘信息;get()方法用来读取指定数据的索引;remove()函数用来移除指定索引的备忘信息。内部重载了下标运算符,用于获取指定的索引的应用,通过下标运算符可以修改备忘信息,代码如下:

```
            void add(const memo_t& memento)
            {
                m_mementos__.push_back(memento);
            }
            memo_t get(int index) const
            {
                return m_mementos__[index];
            }
            void remove(int idx)
            {
                if(idx < m_mementos__.size()){
                    m_mementos__.erase(idx);
                }
            }
            void clear()
            {
                m_mementos__.erase(m_mementos__.begin(), m_mementos__.end());
            }
            memo_t& operator[](int idx)
            {
                return m_mementos__[idx];
            }
        private:
            std::vector<memo_t> m_mementos__;
        };
```

7.6.4　应用示例

在下面的示例中首先特化了负责人 caretaker 模板,使用 int 类型作为状态类型,并利用特化后的类型定义一个负责人对象 caretaker,引出原发器对象类型 crtk::orgnt_t,定义了一个 originator 原发器对象。

修改原发器对象的状态,输出状态数据,将状态记录到负责人对象中,然后修改状态,并输出新的状态数据。最后恢复状态,并输出恢复后的状态信息,代码如下:

```
int main()
{
    using crtk = caretaker<int>;
    crtk caretaker;
    crtk::orgnt_t originator;

    //设置初始状态
    int state = 5;
    originator.setState(&state);
    std::cout << "初始状态: " << * originator.getState() << std::endl;

    //创建备忘录并保存到 caretaker 中
```

```
    caretaker.add(originator.createMemento());

    //修改状态
    * originator.getState() = 10;
    std::cout << "修改后的状态: " << * originator.getState() << std::endl;

    //使用备忘录恢复原始状态
    originator.restoreMemento(caretaker.get(0));
    std::cout << "恢复后的状态: " << * originator.getState() << std::endl;

    return 0;
}
```

运行结果如下：

```
初始状态: 5
修改后的状态: 10
恢复后的状态: 5
```

7.7 观察者模式及其实现

观察者模式是一种一对多的依赖关系，当一个对象的状态发生变化时，其依赖的所有对象都会得到通知并自动更新。

观察者模式通常应用于许多现实世界的场景，如事件处理、消息传递、GUI 开发等。在软件开发中，观察者模式有着广泛的应用，例如在 MVC(Model-View-Controller)模式中，视图(View)通常充当观察者角色，模型(Model)则是主题，视图监听模型的变化以更新自身的状态。

观察者模式的优点是解耦了目标和观察者，使它们可以独立发展，并且可以灵活地增加、删除观察者对象。同时，观察者模式符合开闭原则，可以在不修改目标对象的情况下增加新的观察者。

观察者模式的缺点主要是，首先观察者模式可能引起性能问题，特别是当观察者较多或者更新操作较复杂时；其次，观察者模式可能导致循环引用，需要避免。

7.7.1 传统观察者模式

传统观察者模式一般涉及 3 个角色：目标(Subject)、观察者(Observer)和具体观察者(Concrete Observer)，如图 7-11 所示。

目标是被观察的对象，它维护一组观察者对象，并提供方法，用于添加、删除和通知观察者。观察者是定义了一个更新接口的对象，它能够接收目标的通知并相应地进行更新操作。具体观察者是观察者接口的实现类，它实现了更新接口，并定义了具体的更新操作。

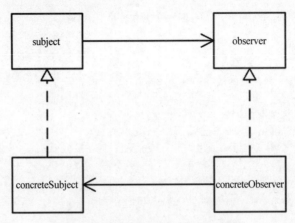

图 7-11　传统观察者模式 UML 简图

7.7.2　C++11元编程下的结构设计

本书中的观察者模式模板类通过 variant 万能数据类型存储数据内容,用于通知消息传递。由于需要考虑实际使用的数据数量和类型都会有不同的变化,所以使用可变参的函数模板,用来触发通知操作,将多种不同的参数组包成 std::vector<variant>的方式来传递参数。

为了将不同数量的数据类型打包成一个 std::vector<variant>,模块中使用模板递归的方式进行打包处理,如图 7-12 所示。

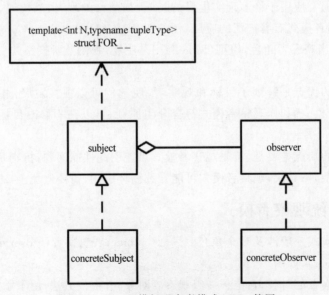

图 7-12　C++11模板观察者模式 UML 简图

7.7.3 实现和解析

代码主要分成 3 部分,即观察者 observer、观察目标 subject 和打包器 FOR__。观察者 observer 是一个包含纯虚函数的基类,在实际的观察者中需要实现 update 方法来响应目标数据发生变化后的通知。在 subject 中维护了一个观察者的对象表,当 subject 发生变化后会发出通知。FOR__是一个运行期的元函数,用来将可变的参数转换为 std::vector<variant>数据,代码如下:

```
//designM/observer.hpp

class observer {
public:
    virtual ~observer(){}
    virtual void update(const std::vector< wheels::variant>& data) = 0;
    //内部使用
    virtual bool needRelease(){ return false; }
};
```

FOR__通过递归展开的方式,每次展开处理一种数据类型。将 std::tuple 封装的数据逐个封装成 std::vector<variant>,代码如下:

```
//designM/observer.hpp

template< int N, typename tupleType >
struct FOR__
{
    static void extract(std::vector< wheels::variant >& param, const tupleType& t)
    {
        param[N] = wheels::variant::make(std::get< N >(t));
        FOR__< N - 1, tupleType >::extract(param, t);
    }
};
```

下面展开终止条件,最后一个展开的 extract()函数为了兼容整个调用的逻辑关系,虽然定义了函数,但是实际上不需要使用,代码如下:

```
template< typename tupleType >
struct FOR__<0, tupleType >
{
    static void extract(std::vector< wheels::variant >& param,
                        const tupleType& t)
    {
        (void)param;
        (void)t;
    }
};

class subject
```

```
    {
public:
    using obsvFunc_t = std::function<
            void (const std::vector<wheels::variant>&) >;
protected:
    //管理以函数对象添加的 observer 对象
    class observer__ : public observer
    {
    private:
        obsvFunc_t  m_func__;
    public:
        observer__(obsvFunc_t func):m_func__(func){}
        virtual ~observer__(){}

        virtual void update(
            const std::vector<wheels::variant>& data) final
        {
            m_func__(data);
        }
        virtual bool needRelease() final{ return true; }
    };

public:
    subject(){}
    virtual ~subject(){}
```

函数 addObserver()用来添加观察者对象。removeObserver()函数用来移除观察者对象,代码如下:

```
//designM/observer.hpp

    template< typename realType >
    void addObserver(realType * obsv)
    {
        std::unique_lock< std::mutex > lck(m_mutex__);
        m_observers__.push_back(obsv);
    }

    observer * addObserver(obsvFunc_t func)
    {
        observer * ret = nullptr;
        ret = new observer__(func);
        {
            std::unique_lock< std::mutex > lck(m_mutex__);
            m_observers__.push_back(ret);
        }

        return ret;
```

```
    }
    void removeObserver(observer * obsv)
    {
        std::unique_lock< std::mutex > lck_(m_mutex__);
        if(m_observers__.size() == 0) return;

        auto it = std::find(
            m_observers__.begin(), m_observers__.end(), obsv);
        if (it != m_observers__.end()) {
            if((* it)->needRelease()){
                delete (* it);
            }
            m_observers__.erase(it);
        }
    }
}
```

模板函数 notifyObservers()用来发送变化通知,这种方法使用可变参模板实现以增加通用性。内部通过构造万能数据类型 wheels::variant 来存储实际的数据内容,并将所有的数据构造成向量对象作为参数进行传递,代码如下:

```
//designM/observer.hpp

    template< typename ...Args >
    void notifyObservers(Args&&... args)
    {
        //构造 variant 数组
        if(sizeof...(args) > 0){
        //构造 tuple 以方便后续进行展开操作
            auto t = std::make_tuple(std::forward<Args>(args)...);
        //定义要传递的参数 param
            std::vector< wheels::variant >  param(sizeof...(args));
            //从 tuple 抽取参数以构造成 std::vector< wheels::variant >
        //然后使用 FOR__模板展开,把 tuple 中的数据提取到 vector 中
        //准备传递
            FOR__< sizeof...(args) - 1, decltype(t) >::extract(param, t);
            std::lock_guard< std::mutex > lck(m_mutex__);
            //准备好所有的数据内容,传递消息
            for (auto obsv : m_observers__) {
                obsv->update(param);
            }
        }else{ //当没有参数内容时使用空的 vector 作为传递的内容
            std::vector< wheels::variant > param;
            std::lock_guard< std::mutex > lck(m_mutex__);
            for (auto obsv : m_observers__) {
                obsv->update(param);
            }
```

```
        }
    }

private:
    std::mutex                m_mutex__;
    std::vector< observer * >  m_observers__;
};
```

7.7.4　应用示例

下面的示例模拟从温度测量到内容显示的过程。类 TemperatureSensor 是温度传感器类，作为被观察对象；类 Display 和类 DisplaySec 是显示器类，作为观察者。

在类 Display 中需要实现虚函数 update()，用来接收事件通知。在 TemperatureSensor 类中，发生事件时需要调用基类中的 notifyObservers() 函数发出通知，代码如下：

```cpp
//第 7 章/observer.cpp

#include <iostream>
#include <string>
#include "designM/observer.hpp"

using namespace wheels;
using namespace dm;

class TemperatureSensor: public subject
{
public:
    void updateTemperature(int temp) {
        notifyObservers(temp);
    }
};

class Display : public observer
{
public:
    Display() { }
    virtual void update(const std::vector<wheels::variant>& data) override {
        if (data.size() > 0) {
            int temperature = data[0].get<int>();
            std::cout << "Display 当前温度为"
                    << temperature << "℃" << std::endl;
        }
    }
private:
    TemperatureSensor m_sensor;
};

class DisplaySec : public observer
```

```
{
public:
    DisplaySec() {}
    void update(const std::vector<wheels::variant>& data) override
    {
        if (data.size() > 0) {
            int temperature = data[0].get<int>();
            std::cout << "DisplaySec 当前温度为"
                << temperature << "℃" << std::endl;
        }
    }
private:
    TemperatureSensor m_sensor;
};
```

在 main()函数中定义一个被观察对象 sensor 和两个观察者 display1、display2,sensor 类首先调用 addObserver()添加两个观察者,然后调用 updateTemperature()函数发送通知,代码如下:

```
int main()
{
    //定义两个不同的观察者
    Display display1;
    DisplaySec display2;

    TemperatureSensor sensor;
    //添加观察者
    sensor.addObserver(&display1);
    sensor.addObserver(&display2);
    //发出通知
    sensor.updateTemperature(25);
    sensor.updateTemperature(28);

    return 0;
}
```

上述示例的运行结果如下:

```
Display 当前温度为 25℃
DisplaySec 当前温度为 25℃
Display 当前温度为 28℃
DisplaySec 当前温度为 28℃
```

7.8　策略模式及其实现

策略模式用于在运行时实现动态地选择算法。策略模式将算法的实现从主体逻辑中分离出来,使算法可以独立于客户端代码进行变化和扩展。策略模式是对 if-else 语句和

switch 语句的一种更加优雅的实现方式。

策略模式的主要作用是将特定的算法封装在可互换的策略类中,并将选择合适的策略委托给客户端来决定。这样,同一种算法可以在不改变客户端代码的情况下进行切换和替换。策略模式符合开闭原则,使系统更加灵活和可扩展。

通过策略模式可以将不同的算法封装在不同的策略类中,从而使算法可以独立地变化。当需要使用不同的策略时,只需创建一个新的具体策略类,而无须修改客户端代码或环境类。

策略模式的优点包括算法的独立性和可复用性,策略可以在不同的环境中复用,可以在运行时动态切换策略。对开闭原则的支持,可以通过增加新的策略类来扩展系统功能。

然而,策略模式容易增加类的数量和复杂度,可能会导致代码的维护性变差。此外,对于只有一个或少数几个策略的简单情况,使用策略模式可能会显得过于复杂。

7.8.1 传统策略模式

传统策略模式的主要组成部分有环境类(Context)、抽象策略类(Strategy)和具体策略类(Concrete Strategy),如图 7-13 所示。

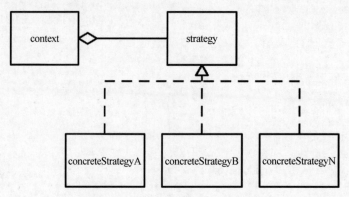

图 7-13　传统策略模式 UML 简图

(1) 环境类包含一个策略对象,并提供方法来执行相应的算法。环境类将请求委托给策略对象,并不关心具体的算法。

(2) 抽象策略类定义了策略对象的接口,在其中声明了一个或多个算法的抽象方法。所有具体策略类都必须实现这些抽象方法。

(3) 具体策略类实现了抽象策略类定义的算法。每个具体策略类对应一个具体的算法实现。

7.8.2　C++11元编程下的结构设计

本书的策略模式主要包括方法索引、方法和策略管理调度。方法索引,对应于模板参数keyType;方法,方法内容使用函数对象来完成,函数对象使用 unordered_map 记录,如图 7-14

所示。

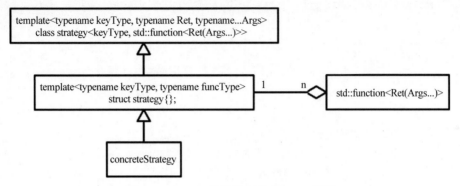

图 7-14 C++11模板策略模式 UML 简图

keyType 是用来检索方法的索引，由于使用了模板参数，所以可以适应各种不同的检索方式，但由于内部使用 unordered_map，对于不能进行 hash 的数据类型则不能使用，读者可以考虑使用其他类型容器或者使用自定义的容器来存储。

函数对象也使用了模板参数 Ret 约定返回值类型，使用 Args 约定参数类型。采用这种设计可以满足绝大多数应用场景。在开发业务代码时仅需针对模板进行全特化处理就可以满足具体使用的要求了。

7.8.3 实现和解析

代码主要分成两部分实现，首先定义一个模板框架。模板参数 keyType 约定的条件参数也就是检索类型，funcType 用来定义方法类型。第二部分的模板针对方法进行精细化处理，约定了方法的返回值类型和参数表类型，并针对第 1 个模板进行特化，明确方法类型。

实现的主要原理就是利用 std::unordered_map<>模板类存储索引和存储函数对象，此后调用时根据索引进行调用，从而实现在满足条件时调用对应的方式执行相关操作，代码如下：

```
//designM/strategy.hpp

template< typename keyType, typename funcType > struct strategy{};

template< typename keyType, typename Ret, typename ...Args >
class strategy< keyType, std::function< Ret (Args...) >>{
public:
    //对方法类型进行别名处理,方便后续模块使用,也可以方便外部使用
    //方法类型定义自己的函数对象
    using callee_type = std::function< Ret (Args...) >;
```

对外暴露迭代器。方法是使用 unordered_map 来存储，方便快速检索方法。unordered_map 使用哈希表来存储数据检索的时间复杂度，时间复杂度一般为 $O(1)$；如果不考虑这段

时间复杂度的要求,则可以考虑使用 map 容器来存储,代码如下:

```cpp
        using iterator = typename std::unordered_map<
            keyType, callee_type >::iterator;
protected:
    //实例化的方法表
    std::unordered_map< keyType, callee_type >    m_strates__;
public:
    strategy(){}
    virtual ~strategy(){}

    //add方法用来动态地添加方法,并将方法和检索索引绑定
    bool add(const keyType& key, callee_type callFn)
    {
        //方法和索引具有唯一对应的关系,在添加方法前首先检查是否已经是
        //同一索引值的方法
        auto it = m_strates__.find(key);
        if(it == m_strates__.end()){
            //unordered_map的 insert 方法返回值是一个 std::pair<>类型的内容
            //其中第2个数据是一个 bool 类型的数据,用来表示是否添加成功
            auto rst = m_strates__.insert(std::make_pair(key, callFn));
            return rst.second;
        }
        return false;
    }
    //erase方法用来删除方法
    bool erase(const keyType& key){
        auto it = m_strates__.find(key);
        if(it != m_strates__.end()){
            m_strates__.erase(it);
            return true;
        }
        return false;
    }

    void clear(){m_strates__.erase(m_strates__.begin(), m_strates__.end()); }
    size_t count(){ return m_strates__.size(); }
```

函数 call_each()用来针对指定范围的或者全部的方法使用同样的参数遍历调用。这里仍然使用模板函数的方式实现是为了保证使用万能引用的方式来传递参数。这里需要特别注意,如果不适用模板函数的方式而是使用 Args&&...的方式就是右值引用,代码的通用性就会大打折扣,代码如下:

```cpp
    template< typename ...Params >
    void call_each(iterator from, iterator to, Params&& ... args)
    {
        for(auto it = from; it != to; ++it){
```

```
            it->second(std::forward<Params>(args)...);
        }
    }
    template< typename ...Params >
    void call_each(Params&&... args)
    {
        for(auto it = m_strates__.begin(); it != m_strates__.end(); ++it){
            it->second(std::forward<Params >(args)...);
        }
    }
    //call 方法用来根据方法索引 key,并使用参数表 args 调用已经
    //记录的方法,而 Ret 则是方法的返回值
    template< typename ...Params >
    Ret call(const keyType& key, Params&&... args)
    {
        //检索方法,并获取对应的迭代器
        auto it = m_strates__.find(key);
        if(it != m_strates__.end()){
            //如果方法存在,则迭代器指向的 second 就是对应的函数对象实例
            //执行完成后返回执行结果
            return it->second(std::forward<Params>(args)...);
        }
        return {};
    }
};
```

在本书中使用了 std::unordered_map 模板类来存储函数对象,这个结构的查询效率很高,但是容易出现哈希冲突的情况。在效率要求不高的情况下,读者可以将这个容器修改为 std::map,从而利用红黑树存储数据。

7.8.4 应用示例

在下面的示例中使用枚举类型 emKey 作为检索的索引,分别使用 fun1()函数、类成员函数 myClassA::fun1()和匿名函数 3 种方式来演示如何使用 strategy 模板类,代码如下:

```
//第 7 章/strategy.cpp

#include <iostream>

#include "designM/strategy.hpp"

using namespace wheels;
using namespace dm;
```

```cpp
enum class emKey
{
    EM_A,
    EM_B,
    EM_C
};

void fun1(int data)
{
    std::cout << "fun1 data = " << data << std::endl;
}

struct myClassA
{
    void fun1(int data){
        std::cout << "myClassA::fun1 data = " << data << std::endl;
    }
};

int main()
{
    using strategy_t = strategy<emKey, std::function< void (int) >>;
    //实例化策略模式对象
    strategy_t strgy;
    myClassA   class_a;
    //添加策略分支,支持函数对象等
    strgy.add(emKey::EM_A, fun1);
    strgy.add(emKey::EM_B,
        std::bind(&myClassA::fun1, &class_a, std::placeholders::_1));
    strgy.add(emKey::EM_C, [](int data){
        std::cout << "lambda fun data = " << data << std::endl;
    });
    //根据 emKey 的值选择分支执行
    strgy.call(emKey::EM_A, 1);
    strgy.call(emKey::EM_B, 10);
    strgy.call(emKey::EM_C, 99);

    return 0;
}
```

上述示例的执行结果如下:

```
fun1 data = 1
myClassA::fun1 data = 10
lambda fun data = 99
```

7.9 状态模式及其实现

状态模式是一种用于解决对象状态转换导致的复杂性问题行为模式。在状态模式中，对象的行为依赖于其内部状态，并根据其当前状态来调用不同的方法。通过将每种状态封装在一个单独的类中，状态模式使状态转换更加直观且易于扩展。

状态模式的主要作用是将复杂的条件判断逻辑转移到表示不同状态的类中，从而简化了对象行为的管理。

通过状态模式可以将复杂的条件判断逻辑封装在具体状态类中，使代码更加清晰且易于扩展。当需要添加新的状态时，只需创建一个新的具体状态类并实现相应的行为，而无须修改环境类或其他的具体状态类。状态模式简化了对象行为的管理，将复杂的条件判断逻辑转移到状态类中；对象的状态转换变得更加直观，易于理解和扩展；对开闭原则的支持，可以在不修改环境类的情况下增加新的状态。

然而，状态模式容易造成类或者方法的数量大幅度增加，可能会导致代码的复杂性增加。此外，如果状态之间的转换逻辑太复杂，则可能需要使用其他模式来处理状态之间的关系。

7.9.1 传统状态模式

传统状态模式主要包括环境类（Context）、抽象状态类（State）和具体状态类（Concrete State），如图 7-15 所示。

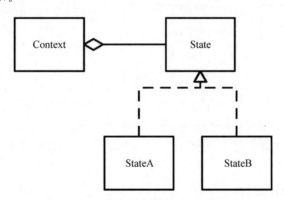

图 7-15 传统状态模式 UML 简图

（1）环境类包含了一种状态对象作为其成员变量，并提供了一些方法来根据当前状态调用不同的行为。环境类负责维护状态对象的切换，并委托给状态对象来执行相应的行为。

（2）抽象状态类定义了状态对象的接口，并声明了一些方法，用于处理特定状态下的行为。它可以有多个具体状态类与之对应。

（3）具体状态类是抽象状态类的子类，实现了特定状态下的行为。每个具体状态类对应于对象的一种状态,并负责在特定状态下执行相应的行为。

7.9.2　C++11元编程下的结构设计

状态模式组件主要包括状态事件、状态节点和转换路径。状态事件处理主要包括事件的生产者和消费者。状态节点类型分为了 3 种,即起始状态、中间状态和结束状态。状态转换分为自动转换和条件转换两种,如图 7-16 所示。

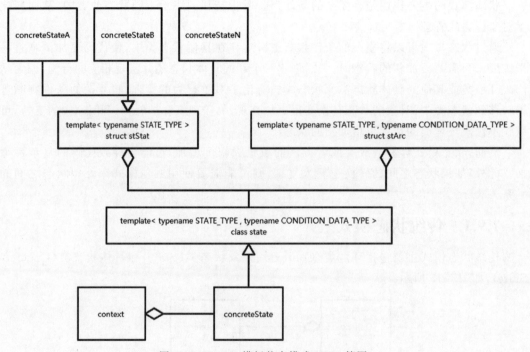

图 7-16　C++11模板状态模式 UML 简图

stStat 是状态节点的定义;stArc 是转换路径;state 是状态模式模板类。concreteState 是具体状态模式,这里只需针对 state 模板类型进行特化处理。

整个模块使用元编程技术实现,状态描述数据类型和条件转换数据类型都是用模板参数描述的。

7.9.3　实现和解析

状态模式的实现中使用了中介者模式,利用中介者模式传递各种状态的变化消息。代码主要分成事件定义、状态节点和转换路径定义、节点和转换路径管理、状态转换管理。

在 private__ 中定义供模块内部使用的数据和方法,这些内容保护在模块内部不对外释放接口。状态转换过程中的事件分成 4 种,即状态机就绪、状态机运行结束、进入状态和离开状态,代码如下:

```
//designM/state.hpp

#pragma once
#include <type_traits>
#include <functional>
#include <memory>
#include <map>
#include <vector>

namespace private__
{
    //这是状态变化事件类型定义
    enum class emEvent
    {
        EVT_ENT,        //进入状态触发事件
        EVT_LEAVE,      //离开状态触发事件
        EVT_READY,      //模块就绪事件
        EVT_END         //运行到结束节点的事件
    };
```

对于状态节点定义，模板参数是状态标记类型。方便自定义需要的类型，例如分析网络协议可以使用 uint8_t，以及定义路灯状态可以使用自己定义的枚举类型，代码如下：

```
template< typename STATE_TYPE >
struct stStat
{
    STATE_TYPE   m_state;
    stStat(const STATE_TYPE& s):m_state(s){}
};
//状态转换关系节点定义
template< typename STATE_TYPE, typename CONDITION_DATA_TYPE >
struct stArc
{
    STATE_TYPE  m_from;          //来源状态
    STATE_TYPE  m_to;            //目标状态
```

对于转换条件处理函数，如果转换条件满足，则返回值为 true。这个函数首先通过输入数据激励，然后判断是否需要进行状态变化，如果函数的返回值为 true，则执行状态转换，代码如下：

```
        std::function< bool (const CONDITION_DATA_TYPE&) >  m_condition;

        stArc(const STATE_TYPE& from,
            const STATE_TYPE& to,
        std::function< bool (const CONDITION_DATA_TYPE&) > fun):
            m_from(from),
```

```
                m_to(to),
                m_condition(fun) {}
        };
    }

    template< typename STATE_TYPE, typename CONDITION_DATA_TYPE >
    class state
    {
    public:
        static_assert(std::is_arithmetic<CONDITION_DATA_TYPE>::value ||
            (std::is_class<CONDITION_DATA_TYPE>::value &&
    std::is_default_constructible<CONDITION_DATA_TYPE>::value), "");
        //用于对外暴露出来事件枚举定义
        using evtType_t = private__::emEvent;
        //状态数据别名和简化处理
        using stateData_t = typename std::remove_pointer<
            typename std::decay< STATE_TYPE >::type >::type;
        //针对状态数据进行别名处理
        using state_t = private__::stStat< stateData_t >;
        using arc_t = private__::stArc< stateData_t, CONDITION_DATA_TYPE >;
```

用 map 保存节点的转换关系,stateData_t 是源节点,作为检索的 key,因为一个源节点可能有多个目标节点状态使用 std::vector<stateData_t>保存目标节点,代码如下:

```
        using arcData_t = std::map< stateData_t, std::vector< arc_t >>;
    protected:
```

使用中介者模式传递消息,参与者分为消息的生产者和消费者。生产者发出状态变化的 4 种消息。接收者进行响应处理并对外调用回调函数对具体事务进行处理,代码如下:

```
    class colleague;
    using mediator_t = mediator< colleague,
            stateData_t,
                private__::emEvent,
                CONDITION_DATA_TYPE>;

    //定义消息接口
    class colleague : public colleagueItfc<
        mediator_t, stateData_t,
        private__::emEvent,
        CONDITION_DATA_TYPE >
    {
        public:
            std::function< void
            (stateData_t,
                private__::emEvent, CONDITION_DATA_TYPE) >  m_cb__;
```

```
public :
    colleague(std::shared_ptr<mediator_t> m):
        colleagueItfc< mediator_t, stateData_t,
    private__::emEvent, CONDITION_DATA_TYPE >(m){}
    virtual ~colleague(){}
```

实现消息接收接口。消息传递使用了 std::tuple,这里需要根据具体应用将 tuple 内容解出来,代码如下:

```
        virtual void recv(
            const std::tuple<
                stateData_t,
                private__::emEvent,
                CONDITION_DATA_TYPE >& tpl) final
        {
            if(m_cb__){//调用实际的处理函数
                m_cb__(std::get<0>(tpl),
                        std::get<1>(tpl), std::get<2>(tpl));
            }
        }
    };
    //状态节点表类型
    using stateTbl_t =
        std::map< stateData_t, private__::stStat< stateData_t >>;
protected:
    stateTbl_t          m_stats__;               //状态节点表
    arcData_t           m_arcs__;                //状态连接弧表

    stateData_t         m_current__;             //当前状态
    stateData_t         m_start__;               //初始状态
    stateData_t         m_end__;                 //结束状态
    std::atomic<bool>   m_is_running__;          //状态机运行标志

    std::shared_ptr< mediator_t>  pt_mdt__;   //中介者模式的消息处理器
```

将中介者模式分为生产者和消费者两个实例,生产者处理状态转换并发送事件。消费者处理事件,通过回调函数将消息发送给外部程序。在状态转换前发送 EVT_LEAVE 事件,转换完成后进入新的状态并发送 EVT_ENT 事件,代码如下:

```
    std::shared_ptr< colleague >     pt_producer__;    //事件数据的生产者
    std::shared_ptr< colleague >     pt_consumer__;    //事件数据的消费者
protected:
```

状态离开和进入时发送消息通知的两种方法。这两种方法都是私有的,在内部进行状态转换时调用,代码如下:

```
        void call_leave__(const stateData_t& state,
            const CONDITION_DATA_TYPE& data){
            pt_producer__->sendTo(
            pt_consumer__,
            state,
            private__::emEvent::EVT_LEAVE, data);
        }

        void call_ent__(const stateData_t& state,
                        const CONDITION_DATA_TYPE& data)
        {
            pt_producer__->sendTo(
              pt_consumer__,
              state,
              private__::emEvent::EVT_ENT, data);
        }
    public:
```

在模块的构造函数中准备中介者模式进行中间消息传递操作,构造中介者模式对象并添加消息的生产者和消费者两个角色,代码如下:

```
state():m_is_running__(false)
{
    pt_mdt__ = std::make_shared<mediator_t>();

    pt_producer__ = std::make_shared<colleague>(pt_mdt__);
    pt_consumer__ = std::make_shared<colleague>(pt_mdt__);

    pt_mdt__->add(pt_producer__);
    pt_mdt__->add(pt_consumer__);
}

virtual ~state()
{
    //结束中介者模式
    if(pt_mdt__){
        pt_mdt__->run(false);
    }
}
```

函数 on()用来指定业务程序中事件的响应方法,在这种方法中接收事件发生的状态参数、事件参数和转换激励数据。在这种方法中配合策略模式进行处理可以很灵活地处理不同状态,这种方式在后面的示例中也可以看到,代码如下:

```
void on(std::function<
    void (stateData_t,
```

```
            private__::emEvent, CONDITION_DATA_TYPE) > fun)
{
    pt_consumer__->m_cb__ = fun;
}
```

函数 setStart()和 setEnd()方法用来指定状态机的起始状态和终止状态,代码如下:

```
void setStart(const stateData_t& data)
{
    m_start__ = data;
}
void setEnd(const stateData_t& data)
{
    m_end__ = data;
}
```

函数 start()用来启动或者停止状态机,启动时同时启动中介者模式的后台线程。启动后首先从开始状态启动,并且发送 EVT_START 事件,实现代码如下:

```
void start(bool sw)
{
    if(m_is_running__ == sw){ return; }

    m_is_running__ = sw;
    if(sw){
        //启动中介者模式后台
        pt_mdt__->run(true);
        m_current__ = m_start__;
        //发送就绪通知
        pt_producer__->sendTo(
        pt_consumer__,
        m_start__,
        private__::emEvent::EVT_READY,
        std::is_arithmetic<CONDITION_DATA_TYPE>::value?
            CONDITION_DATA_TYPE():(CONDITION_DATA_TYPE)0.0
    );
    }else{ //结束运行
        pt_mdt__->run(false);
    }
}
```

两个 execute()方法用来执行状态转换操作。无参数的版本用来执行一次自动的状态转换操作。有参数的版本用来执行一次有条件的转换操作。

执行转换时首先发出离开事件通知,然后改变状态,完成后发送进入新状态的事件通知。如果进入的目标状态是终止状态,则发送 EVT_END 事件通知,代码如下:

```cpp
bool execute()
{
    if(m_is_running__ == false) return false;
    auto it = m_arcs__.find(m_current__);
    if(it == m_arcs__.end()){ return false; }

    if(it->m_second.size() == 0) return false;

    auto item = it->m_second[0];
    //这个函数是没有参数条件的转换，主要针对自动转换的情况
    //先调用离开通知
    call_leave__(item.m_from,
        std::is_arithmetic<CONDITION_DATA_TYPE>::value ?
        CONDITION_DATA_TYPE() : (CONDITION_DATA_TYPE)0.0);
    m_current__ = item.m_to;
        //再调用进入通知
    call_ent__(item.m_to,
        std::is_arithmetic<CONDITION_DATA_TYPE>::value ?
          CONDITION_DATA_TYPE() : (CONDITION_DATA_TYPE)0.0);
    //执行结束通知
    if(item.m_to == m_end__){
            pt_producer__->sendTo(pt_consumer__,
                m_end__,
                private__::emEvent::EVT_END,
            std::is_arithmetic<CONDITION_DATA_TYPE>::value?
            CONDITION_DATA_TYPE():(CONDITION_DATA_TYPE)0.0);
    }

    return true;
}

bool execute(const CONDITION_DATA_TYPE& data)
{
    if(m_is_running__ == false) return false;
    //查找满足其实节点条件的弧表
    auto it = m_arcs__.find(m_current__);
    if(it == m_arcs__.end()) return false;
```

　　遍历所有的弧找到第 1 个满足条件的弧执行转换操作。这里需要特别注意的是在一次转换操作中必须保证只能有一条满足转换条件的路径,否则第 2 条路径将永远不会访问,并且这样不能满足明确转换目标,代码如下:

```cpp
for(auto item : it->second){
    if(!item.m_condition(data)){ continue; }
    //通知离开起始节点和到达目标节点
    call_leave__(item.m_from, data);
```

```
        //切换当前状态
        m_current__ = item.m_to;
        //通知到达目标节点
        call_ent__(item.m_to, data);
        //执行结束通知
        if(item.m_to == m_end__){
            pt_producer__->sendTo(pt_consumer__, m_end__,
                private__::emEvent::EVT_END,
              std::is_arithmetic<CONDITION_DATA_TYPE>::value?
              CONDITION_DATA_TYPE():(CONDITION_DATA_TYPE)0.0);
        }

        break;
    }
    return true;
}
```

addState()方法和 removeState()方法用于添加和移除状态节点操作,代码如下:

```
bool addState(const stateData_t& state)
{
    if(m_is_running__ == true) return false;
    private__::stStat<stateData_t> s(state);
    auto rst = m_stats__.insert(std::make_pair(state, s));
    return rst.second;
}

void removeState(const stateData_t& state)
{
    if(m_is_running__ == true) return;
    auto it = std::find(m_stats__.begin(), m_stats__.end(), state);
    m_stats__.erase(it);

    //清理状态起始 ARC
    auto it1 = m_arcs__.find(state);
    if(it1.m_arcs__.end()){
        m_arcs__.erase(it1);
    }

    //清理状态到达的 ARC
    for(auto it2 = m_arcs__.begin(); it2 != m_arcs__.end(); it2 ++){
        for(auto it3 = it2->second.begin();
                it3 != it2->second.end();
                it3 ++){
            if(it3->m_to == state){
                it2->second.erase(it3);
            }
        }
    }
}
```

addArc()方法和 removeArc()方法用来添加和删除状态转换路径,代码如下:

```cpp
    void addArc(const stateData_t& from,
        const stateData_t& to,
        std::function< bool (const CONDITION_DATA_TYPE&) > cnd)
    {
        if(m_is_running__ == true) return;
        auto it = m_arcs__.find(from);

        if(it != m_arcs__.end()){
            private__::stArc<STATE_TYPE,CONDITION_DATA_TYPE>
                item(from, to, cnd);
            it->second.push_back(item);
        }else{
            private__::stArc<STATE_TYPE,CONDITION_DATA_TYPE>
                item(from, to, cnd);
            std::vector<
            private__::stArc<STATE_TYPE,CONDITION_DATA_TYPE>
        >  set({item});

            m_arcs__.insert(std::make_pair(from, set));
        }
    }

    void removeArc(const stateData_t& from, const stateData_t& to)
    {
        if(m_is_running__ == true) return;
        auto it = m_arcs__.find(from);
        if(it != m_arcs__.end()){
            for(auto it1 = it->second.begin(); it != it->end(); it ++){
                if(it1->m_to == to){
                    it->second.erase(it1);
                }
            }
        }
    }
};
```

7.9.4 应用示例

这里给出了两种状态模式的示例程序。第 1 种使用 switch 方法处理状态转换事件;第 2 种采用策略模式处理状态转换事件,代码如下:

```cpp
//第 7 章/state.cpp

#include <iostream>
```

```cpp
#include <thread>
#include "designM/state.hpp"

using namespace wheels;
using namespace dm;
//定义状态数据
enum class MyState {
    STATE_A,
    STATE_B,
    STATE_C
};

int main() {
    using fsm_t = wheels::dm::state<MyState, int>;
    using event_t = fsm_t::evtType_t;
    fsm_t fsm;

    //添加状态
    fsm.addState(MyState::STATE_A);
    fsm.addState(MyState::STATE_B);
    fsm.addState(MyState::STATE_C);

    //添加状态转换
    fsm.addArc(MyState::STATE_A, MyState::STATE_B,
        [](const int& condition) { return condition > 0; });
    fsm.addArc(MyState::STATE_B, MyState::STATE_C,
        [](const int& condition) { return condition > 1; });
    fsm.addArc(MyState::STATE_C, MyState::STATE_A,
        [](const int& condition) { return condition > 2; });

    //设置起始和结束状态
    fsm.setStart(MyState::STATE_A);
    fsm.setEnd(MyState::STATE_C);

    //注册状态转换事件响应方法
    fsm.on([](MyState state, event_t event, int condition) {
        switch(event){
        case event_t::EVT_ENT:
            std::cout << "EVT_ENT ";
            break;
        case event_t::EVT_LEAVE:
            std::cout << "EVT_LEAVE ";
            break;
        case event_t::EVT_READY: //模块就绪事件
            std::cout << "EVT_READY ";
            break;
```

```
        case event_t::EVT_END:
            std::cout << "EVT_END ";
            break;
        }
        //处理不同的状态
        switch (state) {
        case MyState::STATE_A:
            std::cout << "State A\n";
            break;
        case MyState::STATE_B:
            std::cout << "State B\n";
            break;
        case MyState::STATE_C:
            std::cout << "State C\n";
            break;
        }
        });

    //启动状态机
    fsm.start(true);

    //执行状态转换
    fsm.execute(1);
    fsm.execute(2);
    fsm.execute(3);

    std::this_thread::sleep_for(std::chrono::seconds(1));
    fsm.start(false);
    return 0;
}
```

上面示例的运行结果如下：

```
EVT_READY State A
EVT_LEAVE State A
EVT_ENT State B
EVT_LEAVE State B
EVT_ENT State C
EVT_END State C
EVT_LEAVE State C
EVT_ENT State A
```

下面的示例利用策略模式配合完成一个解耦性更好的状态模式，代码如下：

```
//第7章/state2.cpp

#include <iostream>
#include <functional>
```

```cpp
#include "designM/state.hpp"
#include "designM/strategy.hpp"

using namespace wheels;
using namespace dm;
//状态类型
enum class MyState {
    STATE_Start,
    STATE_A,
    STATE_B,
    STATE_C,
    STATE_End,
};
//定义状态转换激励数据
const int StartToA = 0;
const int AToB = 1;
const int BToC = 2;
const int CTOEND = 3;

int main()
{
    //声明定义状态机类型
    using fsm_t = state<MyState, int>;
    using event_t = fsm_t::evtType_t;
    //声明策略模式类型
    using strategy_t = strategy< MyState,
            std::function< void (MyState, event_t, int) >>;
    //示例化状态机和策略模式
    fsm_t fsm;
    strategy_t branch_caller;
    //针对不同的状态添加策略模式处理方法
    branch_caller.add(MyState::STATE_Start,
    [](MyState state, event_t event, int data){
        std::cout << "STATE_Start: ";
        if (event == event_t::EVT_ENT) {}
    });

    branch_caller.add(MyState::STATE_A,
    [&](MyState state, event_t event, int data){
        std::cout << "STATE_A: ";
        if (event == event_t::EVT_ENT) {
            std::cout << "(DoSomeThing)";
            fsm.execute(AToB);
        }
    });
```

```cpp
branch_caller.add(MyState::STATE_B,
    [&](MyState state, event_t event, int data){
    std::cout << "State B: ";
    if (event == event_t::EVT_ENT) {
        std::cout << "(DoSomeThing)";
        fsm.execute(BToC);
    }
});

branch_caller.add(MyState::STATE_C,
    [&](MyState state, event_t event, int data){
    std::cout << "State C: ";
    if (event == event_t::EVT_ENT) {
        std::cout << "(DoSomeThing)";
        fsm.execute(CTOEND);
    }
});

branch_caller.add(MyState::STATE_End,
    [&](MyState state, event_t event, int data){
    std::cout << "STATE_End: ";
});

//添加状态
fsm.addState(MyState::STATE_Start);
fsm.addState(MyState::STATE_A);
fsm.addState(MyState::STATE_B);
fsm.addState(MyState::STATE_C);
fsm.addState(MyState::STATE_End);

//添加状态转换
fsm.addArc(
    MyState::STATE_Start, MyState::STATE_A,
    [](const int& condition) { return condition == StartToA; });
fsm.addArc(
    MyState::STATE_A, MyState::STATE_B,
    [](const int& condition) { return condition == AToB; });
fsm.addArc(
    MyState::STATE_B, MyState::STATE_C,
    [](const int& condition) { return condition == BToC; });
fsm.addArc(
    MyState::STATE_C, MyState::STATE_End,
    [](const int& condition) { return condition == CTOEND; });

//设置起始和结束状态
```

```
    fsm.setStart(MyState::STATE_Start);
    fsm.setEnd(MyState::STATE_End);

    //注册状态转换动作函数
    fsm.on([&](MyState state, event_t event, int condition) {
        //使用策略模式处理不同的状态节点事件。这种方式在实际工程中会更加实用
        branch_caller.call(state, state, event, condition);

        switch (event) {
        case event_t::EVT_ENT:
            std::cout << "EVT_ENT \n";
            break;
        case event_t::EVT_LEAVE:
            std::cout << "EVT_LEAVE \n";
            break;
        case event_t::EVT_READY: //模块就绪事件
            std::cout << "EVT_READY \n";
            break;
        case event_t::EVT_END:
            std::cout << "EVT_END \n";
            break;
        }
    });

    //启动状态机
    fsm.start(true);

    //执行状态转换
    fsm.execute(StartToA);

    std::this_thread::sleep_for(std::chrono::seconds(1));
    fsm.start(false);
    return 0;
}
```

上述示例程序的执行结果如下：

```
STATE_Start: EVT_READY
STATE_Start: EVT_LEAVE
STATE_A: (DoSomeThing)EVT_ENT
STATE_A: EVT_LEAVE
State B: (DoSomeThing)EVT_ENT
State B: EVT_LEAVE
State C: (DoSomeThing)EVT_ENT
State C: EVT_LEAVE
STATE_End: EVT_ENT
STATE_End: EVT_END
```

7.10　模板方法模式及其实现

模板方法模式定义了一个操作中的算法的框架,将一些步骤延迟到子类中实现。它让子类可以在不改变算法结构的情况下重新定义算法的某些步骤。

模板方法模式包含两个主要角色:抽象类和具体类。抽象类定义了模板方法,它是一个包含算法框架的方法,该方法定义了一系列调用的步骤。具体类实现了抽象类中定义的抽象方法,以完成算法的具体步骤。

具体执行流程如下:

抽象类定义了模板方法,并且该方法通常被标记为 final,以确保子类不能重写该方法。

抽象类中的模板方法主要包含一系列调用的步骤(可以是抽象类中的具体步骤或者抽象方法),这些步骤按照特定的顺序执行,形成了一个算法的框架。

抽象类中的具体步骤可以是具体实现的方法,也可以是抽象方法,由子类去实现。

子类通过继承抽象类实现其中定义的抽象方法,以此来完成算法的具体步骤。

使用模板方法模式的好处是,它将算法的框架和具体步骤解耦,使算法的主要逻辑在抽象类中定义,具体步骤可以由不同的子类来灵活实现。这样可以提高代码的复用性,并且在需要改变算法的某些具体步骤时,只需修改对应的子类实现,而不会影响整个算法的结构。

模板方法模式需要针对特定的算法实现算法模板,是针对性比较强的设计方式。本书中不针对这种设计模式进行设计和实现。

7.11　访问者模式及其实现

访问者模式(Visitor Pattern)在不修改已有对象结构的前提下定义新的操作,也就是在不改变数据的结构的情况下能够自由地添加或者移除操作。该模式能够将数据结构和操作解耦,使操作可以独立变化。

访问者模式的核心思想是将操作封装在访问者对象中,而不是封装在元素对象中。元素对象通过接受访问者对象的访问,将自身信息传递给访问者对象,从而完成操作。这种方式可以在不修改元素对象的前提下,增加新的操作,具有较好的扩展性。

使用访问者模式的一个典型场景是处理对象结构中的各个对象,但根据不同的访问者对象,操作会有所不同。

访问者模式增加新的操作非常方便,只需创建新的具体访问者类;将相关操作集中到访问者对象中,使元素对象和操作解耦,提高了系统的灵活性。可以对对象结构进行多种不同的操作,而无须修改元素对象结构。

7.11.1　传统访问者模式

传统访问者模式由几个核心组件组成:元素(Element)、具体元素(Concrete Element)、访问者(Visitor)、具体访问者(Concrete Visitor)和对象结构(Object Structure),如图 7-17 所示。

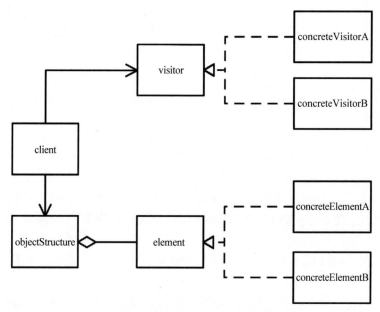

图 7-17　传统访问者模式 UML 简图

(1)元素定义了一个接受访问者对象的操作接口,通常包含一个 accept()方法,用于接受访问者对象的访问。

(2)具体元素实现了元素接口,提供了具体的实现逻辑。

(3)访问者定义了访问元素对象的操作接口,通常包含多个重载方法,每种方法用于访问不同类型的元素对象。

(4)具体访问者实现了访问者接口,提供了具体的操作逻辑,每种方法实现对不同类型元素对象进行处理。对象结构包含一组元素对象,提供了遍历元素对象的方法,以及与访问者的交互方法。

7.11.2　C++11元编程下的访问者模式

使用C++11元编程技术可以使用模板参数将数据和方法独立出来。利用函数对象可以方便灵活地增加和移除数据处理方法,如图 7-18 所示。

模板类 visitor 是定义的基础模板接口,实际实现时可以使用特化或者继承方式实现 concreteVisitor 类作为业务中使用的类。DATA_ITFC 是作为模板参数传递给 visitor 的数据访问接口定义。实际数据的访问接口需要延迟到业务中实现。

7.11.3　实现和解析

模板类 visitor 的两个模板参数 DATA_T 和 RET 分别是数据对象类型和访问者函数

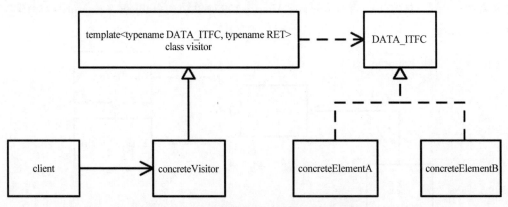

图 7-18　C++11模板访问者模式 UML 简图

的返回值类型,其基本原理是利用容器和函数对象实现对处理方法进行存储管理,从而实现针对数据的增删处理方法。访问者模式和解释器模式配合起来可以实现非常灵活的处理系统。

访问者模式 visitor 模板类中维护了一个函数对象表,该对象表可以使用 std::string 进行检索获取,代码如下:

```cpp
template< typename DATA_ITFC, typename RET >
class visitor
{
public:
    using dataItem_t = typename std::remove_pointer<
            typename std::decay< DATA_ITFC >::type >::type;
    using func_t = std::function< RET (dataItem_t&) >;
    //函数对象容器类型,使用了 std::unordered_map 来记录。这种方式有很高
    //的访问速度
    using funcTan_t = typename std::unordered_map< std::string, func_t >;
protected:
    funcTan_t    m_funcs__;
public:
    visitor(){}
    virtual ~visitor(){}
```

addMethod()方法用来增加新的处理方法;函数 eraseMethod()用来移除数据处理方法。利用 std::unordered_set 和函数对象配合,增删处理方法就可以像增删普通数据一样方便,代码如下:

```cpp
bool addMethod(const std::string& name, func_t func)
{
    auto rst = m_funcs__.insert(std::make_pair(name, func));
    return rst.second;
}
bool eraseMethod(const std::string& name)
```

```
{
    auto it = m_funcs__.find(name);
    if(it){
        m_funcs__.erase(it);
        return true;
    }

    return false;
}
```

对下标运算符重载提供了更加简便的调用方法的方式,例如可以使用["abc"](xxx)的方式调用已经添加的方法,代码如下:

```
func_t operator[](const std::string& name){
    auto it = m_funcs__.find(name);
    if(it){
        return it->second;
    }
    return {};
}
```

函数 call()用来指定方法索引调用一个明确的方法来处理一条数据内容。函数callEach()则可以指定数据范围调用一个明确的方法进行处理,代码如下:

```
    RET call(const std::string& name, dataItem_t& data)
    {
        auto it = m_funcs__.find(name);
        if(it){
            return it->second(data);
        }
        return {};
    }
    template< typename InputIterator >
    void callEach(const std::string& name,
            InputIterator begin, InputIterator end)
    {
        auto it = m_funcs__.find(name);

        for(auto it1 = begin; it1 != end; ++it1){
            it->second( * it1);
        }
    }
    //判断是否存在指定索引的方法
    bool has(const std::string& name)
    {
        auto it = m_funcs__.find(name);
        return it != m_funcs__.end();
    }
};
```

7.11.4　应用示例

在下面的示例中结构体作为被访问的数据类。函数 func1()和 func2()分别是两个具体访问的处理函数。

在 main()函数中首先通过 addMethod()方法添加处理函数,然后通过下标运算符调用对应的处理函数。也可以通过 callEach()方法访问指定范围的数据内容,代码如下:

```cpp
#include <iostream>
#include <string>
#include "designM/vistor.hpp"

//自定义数据类型
struct Data
{
  Data(int value) : value(value) {}
  int value;
};

//处理函数 1
int func1(Data& data)
{
  std::cout << "func1 called with value: " << data.value << std::endl;
  return data.value + 1;
}

//处理函数 2
int func2(Data& data)
{
  std::cout << "func2 called with value: " << data.value << std::endl;
  return data.value * 2;
}

int main()
{
  //创建 vistor 对象,并将数据类型指定为 Data,返回类型为 int
  vistor<Data, int> myVistor;

  //将方法添加到 vistor 对象
  myVistor.addMethod("func1", func1);
  myVistor.addMethod("func2", func2);

  //创建数据对象
  Data myData(10);

  //调用指定名称的方法处理数据
```

```
    int result1 = myVistor["func1"](myData);
    std::cout << "Result1: " << result1 << std::endl;


    int result2 = myVistor["func2"](myData);
    std::cout << "Result2: " << result2 << std::endl;

    //批量处理数据
    std::vector<Data> dataVec = {Data(20), Data(30)};
    myVistor.callEach("func1", dataVec.begin(), dataVec.end());

    return 0;
}
```

程序的运行结果如下：

```
func1 called with value: 10
Result1: 11
func2 called with value: 10
Result2: 20
func1 called with value: 20
func1 called with value: 30
```

7.12　本章小结

本章介绍了设计模式中的行为模式。行为模式是一种关注对象行为的设计模式，在本章中，我们介绍并实现了常见的行为模式，在每个实现之后给出了使用的示例程序。

通过了解这些行为模式和这些模板的实现，可以更好地理解对象之间的交互和行为，从而设计出更加高效和可维护的代码。这些模式不仅适用于面向对象编程，也适用于其他编程范式，如函数式编程和响应式编程。

在实践中应该根据具体的问题和需求选择合适的行为模式。同时也可以根据需要对这些模式进行组合和变种，以实现更加复杂的行为。此外还可以借鉴其他领域的优秀实践，不断地优化和完善代码设计。

第 8 章

框架应用实战

　　本章通过设计一个 DTU 程序来讲述本书中所实现的设计模式模块的应用。DTU (Data Terminal Unit)是一种数据传输设备,顾名思义就是用来传输数据的无线终端设备,实现数据双向透明传输,在物联网的发展初期甚至直到现在仍然有着举足轻重的地位。

　　DTU 通常通过串口(Serial Port)连接终端设备,获取数据后通过网络进行数据传输,这些数据被传输到指定的数据中心或设备,同时反向数据中心也可以下发数据或指令由运营商网络传输到 DTU,再由 DTU 通过接口传送给终端设备,从而实现实时数据采集、数据库服务等应用。

　　DTU 的基本功能通常包括以下几个。

　　(1) 数据通信:DTU 内部集成了 TCP/IP 协议栈,可以通过蜂窝网络、有线网络、WiFi 和短消息等进行双向或者单向传输数据;软件上支持与多中心进行数据通信。

　　(2) 数据采集:采集串口设备数据,如串口仪表、采集器、PLC 等。

　　(3) 支持永久在线:DTU 具有通电自动拨号、运用心跳包确保永久在线、兼容断线自行重连、自动重拨号等特点,设备支持永久在线。

　　(4) 提供永久存储:DTU 终端设备能将配备好的参数永久存储在器件内(如 FLASH、EEPROM),如果通电,DTU 就会根据设定的参数自行完成工作。

　　(5) 远程管理:支持远程程序升级、远程短信配置参数查询、远程设备重启、远程设备参数配置。

　　(6) 数据加密:能够在网络数据段支持数据加密和解密,可以根据需求或者行业标准支持不同的加解密方式,例如 DES、3DES、AES 等,必要时需要支持数字证书。

　　本章中从 6 方面考虑实现一个 DTU 程序,主要包括 AT 指令、通信通道和通道转发、数据的加解密、命令行的解析、配置文件及自定义脚本。

8.1　DTU 软件的设计问题

　　DTU 通常没有可以直接访问的 GUI(Graphical User Interface)和 CLI(Command-Line Interface)接口,所以 DTU 的参数通常使用 AT(Attention)指令。一款比较复杂的 DTU 会

有一百多条 AT 指令,针对 DTU 进行解析和管理是一项很繁重的工作。在一些情况下这部分开发任务占据了整个 DTU 软件开发任务的将近一半的任务量。

　　AT 指令是以字符串的形式表达的,有着其特定格式。对于 AT 指令的解析会用到状态模式,逐步地对 AT 指令的各部分进行解析。

　　一个 DTU 通常由多个串口和多个网络数据通道配合使用,并且这些数据通道的操作方式和相关参数差异也比较大。开发中需要对这些数据通道进行抽象处理,使用统一的接口方法和参数配置。

　　数据通道之间的转发工作是灵活搭配的,并且可分为一对一、多对一和多对多的情况,每个通道都是独立的运行,相互之间不能存在干扰。实际的通信、转发及数据处理均应采用异步处理的方式来提高吞吐能力。

　　实际在 DTU 软件的设计中会出现多种设计模式配合的情况,这也是软件设计的常态,在实际工程中通常很难存在只使用一种设计模式的情况。例如数据通道,包括串口和网络通信,产生通信事件时会用到命令模式、策略模式,通道数据转发会用到观察者模式。这其中策略需要配合命令模式使用。通过命令模式提供了通信和处理的异步功能;通过观察者模式可以对不同的通道进行解耦,并提供灵活的组合方式。

　　例如对于数据的加密解密功能,代理模式责无旁贷。通过代理模式的代理功能,对接收的数据进一步地进行处理,以完成加密和解密功能。

　　例如程序启动过程会使用命令行参数来指定程序的运行模式,以及一些在运行的过程中需要用到的参数。为了灵活地运行程序,需要用到命令参数和配置文件来指定这些参数,其中将参数记录调入内存中供程序使用,要做到这一点需要用到享元模式和单例模式配合编写一个存储变量的对象,这个对象可以使整个 DTU 程序的所有模块都能够方便地进行访问。

　　例如配置参数使用了 XML 格式存储。程序启动后需要先将 XML 格式的文本解析出来,然后转换成可以供 DTU 程序直接使用的变量,而 XML 文件是以树状结构组织的,恰好适合组合模式来完成解析器。

　　最后在实际使用时,DTU 软件设计和实现总有一些没有考虑到的功能需求,所以 DTU 程序需要为用户留出方便扩展的接口。可以使用脚本语言作为接口,由用户根据自己的实际需要编写脚本来扩展 DTU 的处理能力。为了实现这个功能需要用到装饰器模式和解释器模式。接下来根据以上需求内容逐步展开每部分的设计。

8.2　DTU 软件的 AT 指令

　　AT 指令早期是从终端设备(Terminal Equipment,TE)或数据终端设备(Data Terminal Equipment,DTE)向终端适配器(Terminal Adapter,TA)或数据电路终端设备(Data Circuit Terminal Equipment,DCE)发送的。通过 TA,TE 发送 AT 指令来控制移动台(Mobile Station,MS),与 GSM 网络业务进行交互。用户可以通过 AT 指令对呼叫、短

信、电话本、数据业务、传真等方面进行控制。

由于 AT 指令的易用性和普及性,在 DTU 的发展过程中多数产品使用了 AT 指令来控制 DTU 的行为及配置相关参数。AT 指令通常的语法结构如下:

```
AT+<command>=<value>[,<value>]...{CR}
AT+<command>? {CR}
ATXXX{CR}
```

第 1 条通常用来配置参数;第 2 条通常用来进行查询;第 3 条一般用来操作行为或者查询参数。命令中用尖括号引起来的部分是可以变化的部分,方括号内部的内容是可选项。{CR}表示回车符号。

AT 指令可以使用状态机进行解析,状态机如图 8-1 所示。虽然可以使用其他方式解析 AT 指令,但是使用状态机进行解析是其中比较高效和稳妥的方案。这是因为,一是当通过串口进行通信时,串口运行在一个比较慢的波特率①(Baud Rate)情况下,DTU 程序收到的数据经常是一条不完整的 AT 指令内容,使用状态机可以准确灵活地判断指令数据是否完整,同时可以配合计时器判断数据是否存在长时间不能完成接收的情况;二是可以灵活地判断每个细节是否存在错误并针对错误进行明确处理,判断出指令的具体错误内容。这种状态机就是状态模式。

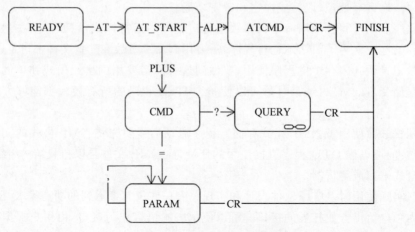

图 8-1 AT 指令解析状态机

接收到 AT 后切换到开始解析状态 AT_START,如果是字母,则转换到 ATCMD 状态,对应第 3 条格式的 AT 指令;如果遇到"+"则切换到 CMD 状态,如果遇到"?"则切换到 QUERY 状态,对应第 2 条命令;如果遇到"=",则切换到 PARAM 状态,此后在每次遇到","时逐步解析后续参数,直到遇到换行符结束解析。

在图 8-1 中没有绘制出来通信超时的处理和错误的处理分支,在实际的 DTU 设计中这

---

① 波特率是对符号传输速率的一种度量,表示单位时间内传输符号的个数。在数字通信中,波特率通常用来表示每秒钟传输的二进制数据的位数。

些分支都需要仔细考虑,并且在超时处理和错误处理之后状态机需要恢复到 READY 状态,使 DTU 程序能够接收和处理下一次的指令输入。如果在状态机中将各种情况考虑得足够仔细,则在开发过程中就能针对各种情况进行处理,从而提高程序的稳健性。

此外在一些 DTU 种类中只有一个串口,这个串口需要传输业务数据和 AT 指令数据,而这两种数据是不能同时处理的,所以在这种情况下还需要额外地处理数据状态和命令状态。

实际上 AT 指令参数部分的数据类型是不同的,可能存在字符串类型、日期类型、整型或者浮点型等数据内容,可以利用第 4 章万能数据类型 variant 对参数表进行定义,代码如下:

```
struct stATParams
{
    std::vector< variant >      m_params;

    template< typename T >
    void set(size_t idx, T&& data){ m_params[idx] = data; }
    variant get(size_t idx){ return m_params[idx]; }
};
```

根据图 8-2 定义解析状态数据 emATState,使用状态机处理接收的数据内容,由于 AT 指令在运行情况下处理的数据都是字符,所以状态机的数据内容类型是 std::string,见图 8-2 中的成员变量 m_at_parser。

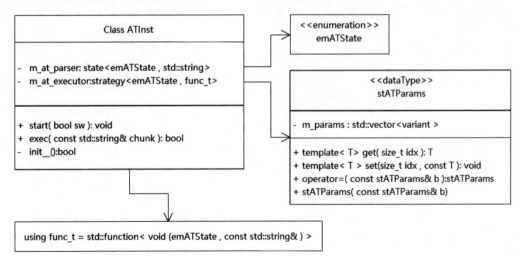

图 8-2　AT 指令解析模块类图

AT 指令解析完成后,DTU 程序需要进一步地执行 AT 指令的请求内容,DTU 程序需要处理的 AT 指令通常有百余条,在这种情况下使用 if-else 语句或者 switch 语句则会造成一个函数可能有上千行的代码内容,这样的代码无论对于开发者或者维护者来讲都是一场灾难,甚至在一些编译器中无法支持这么大分支的语句,所以需要用到策略模式来根据 AT

指令进行处理,见图 8-2 中类 ATInst 的成员变量 m_at_executor,通过策略模式对解析后的操作方法进行派发和执行,而在程序启动时逐条地将 AT 指令的命令和相关的处理函数添加到状态模式的映射关系中,后期根据实际的 AT 指令调用一个统一的接口便能够做到灵活地执行任务。通过这种方式可以很有效地解决大函数的编写和维护难题,并且在产品的逐步迭代过程中也可以非常灵活地增加或者移除指令内容。

8.3 通信通道和通道转发

DTU 的硬件种类繁多,多数情况下有多个串口,并且需要使用多个不同的网络接口和网络协议进行多站点转发。常见的物联网网络协议有 TCP、UDP、HTTP 和 MQTT 等。在一些特殊的行业可能会涉及特定的协议内容,例如电力协议、水利协议或者环保协议等。

由于数据通道类型不一所以在设计时需要对数据通道进行抽象化处理以满足依赖倒置原则,设计方案如图 8-3 所示。所有的数据通道都应该从 dataPort 继承,在实际的数据通道中实现在 dataPort 中定义的接口:

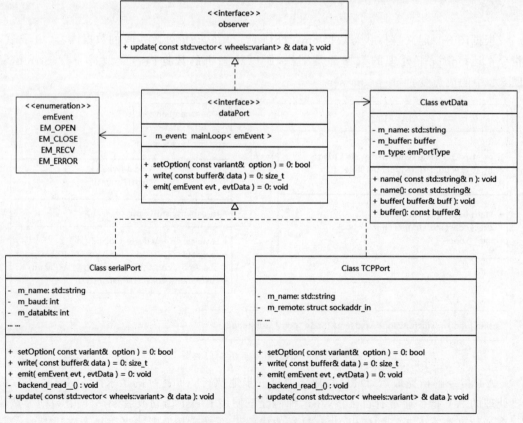

图 8-3　通信通道设计类图

（1）setOption（）方法用来配置通道参数，由于使用 variant 变量，所以能够满足不同接口的不同参数的要求。例如在串口情况下需要配置串口的波特率、数据长度等；在 TCP 协议中需要配置目标服务器地址和端口号；在 MQTT 协议中需要配置主题内容等。

（2）write（）方法用来发送数据。发送数据如果需要额外的参数内容，则利用 setOption 来先指定，然后在 write（）函数中使用。

（3）emit（）方法用来发送收到数据的命令，通知上层程序进行处理，这里使用了命令模式。由于本书中的命令模式使用了线程实现，所以命令发出后以异步处理的方式执行，不会影响新到的数据。

（4）私有方法 backend_read__（）方法用来处理一些不能使用异步方式通信的情况，在 backend_read__（）中可以使用线程的方式轮询读取的数据内容。

多数情况下 DTU 使用时是串口和串口之间、串口和网络数据之间、网络数据之间的转发操作，而数据转发的关系是在工程施工后才能明确的，所以程序的设计不能将转发关系设计成固定的结构，如图 8-4 所示。

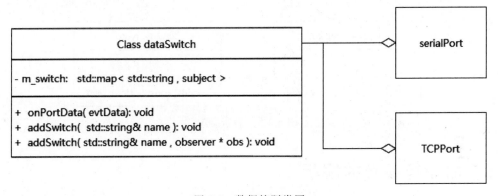

图 8-4　数据接驳类图

数据转发操作使用了观察者模式，每个数据通道都可能是另外一个数据通道被观察的对象，同时每个数据通道都是其他数据通道的观察者。见图 8-3，dataPort 继承自观察者模式 observer，并在具体的数据通道中实现了 update（）接口，用来等候通知。在 class dataSwitch 中管理了一个 subject 的 std∶∶map 表，当 subject 接到数据命令时，根据数据通道的名字检索观察者模式的 subject 对象，然后使用这个对象发出通知消息。

类 dataSwitch 用来接驳不同数据通道的关系，将不同的数据通道灵活地管理起来。通过这样的方式，程序可以实现任意的端口之间数据转发或者数据 echo 操作。

8.4　数据加密解密

DTU 通常使用工业数据采集环境，部分行业对数据安全有一定的要求。通过加密技术，可以提高数据在传输过程中的安全性，防止未经授权的访问和数据泄露。通常情况下可以使用一些外部的加密库,例如 OpenSSL 来作为加解密的支持。

另外在数据的传输过程中,数据可能被更改或损坏,加密技术可以检测并拒绝接受这些数据。这可以防止恶意攻击者对数据进行篡改或注入恶意代码。

实现 DTU 数据的加密解密功能可以使用代理模式,如图 8-5 所示,实际上具体的数据通道是代理对象,通过代理操作进行加密处理,然后提交给实际的数据通道进一步地进行数据转发和使用。encode()函数用来进行加密处理;decode()方法用来进行解密处理。如果需要使用数字证书,或者使用除 OpenSSL 之外的其他加密库,则可以采用通用的方式进行处理。

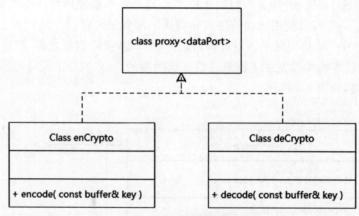

图 8-5　加解密类图

8.5　命令行参数的解析

程序的命令行是指用户在终端或命令提示符中输入的命令,用于与程序进行交互和执行特定的操作。命令行参数在程序启动过程中经过解析,一部分作为约定的初始化控制;另一部分作为 DTU 程序运行的整个生命周期内需要使用的数据。

命令行解析通常包括以下几个步骤。

(1)命令解析:程序接收到用户输入的命令后,首先需要对命令进行解析,将其分解为一个个独立的参数或选项。这可以通过字符串分割、正则表达式匹配等方式实现。

(2)参数处理:解析后的参数或选项需要被程序进一步处理。程序需要确定每个参数或选项的含义,并根据其值执行相应的操作。例如,如果用户输入了一个文件路径作为参数,程序就需要读取该文件并执行相应的操作。

(3)逻辑处理:根据解析后的参数或选项,程序需要进行逻辑处理。这可能涉及条件判断、循环控制、函数调用等操作。程序需要根据用户的输入和当前的状态,执行相应的逻辑操作。

如果命令行参数比较多,则可以用到策略模式执行相关操作,进一步地,如果命令行之间存在着比较复杂的相互依赖情况,则可以考虑使用状态模式。解析结果根据程序应用的不同,有些结果需要在程序的整个生命周期内使用,此时就需要使用享元模式将数据记录下来以方便使用。如果要进一步地使用,则可以配合单例模式实现,如图 8-6 所示。单例模式可以方便地在全局范围内访问数据并且保证数据内容在内存中没有多个复制。通过两种设计模式的配合实现了两个目标的统一,即在减少内存的使用和中间数据传递的同时保证了在整个程序中可以方便地访问数据。

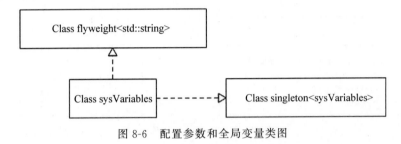

图 8-6　配置参数和全局变量类图

8.6　配置文件

在 DTU 中使用 XML (Extensible Markup Language)格式的文档作为参数配置文件。配置文件支持多层的数据分组,并且支持多种不同的数据类型。文件的主要格式如下:

```
<dir name="fileService">
    <var name="type" type="string" value="ftp" />
    <dir name="ftp">
        <var name="addr" type="string" value="192.168.1.178" />
    </dir>
</dir>
```

dir 标签是变量组,本身不会有值,name 属性是分组名称。

var 是变量,name 属性是变量名,type 属性是变量的数据类型,value 属性是变量的内容。

XML 格式的文件是以树状结构进行组织的,这一点和组合模式一致,其中的变量组对应于枝干节点,而变量则代表叶节点,如图 8-7 所示,这是一个解析器的 DOM(Document Object Model)结构设计。

xmlParser 是 XML 解析模块,这个模块从 composite 模板类继承而来,在解析过程中可以配合状态模式处理文本。将解析出来的各个节点以 composite 方式组织起来。

另外由于以树状结构组织的数据检索效率相对较低,解析后的结果可以进行整理,并且可以以享元模式进行记录。

虽然 XML 解析存在多个相当优秀的解析器,例如 tinyxml 和 libxml2,但是在本书中为了讲述设计模式的应用,不采用这种第三方的资源,而是使用自己编写解析器的方式实现解

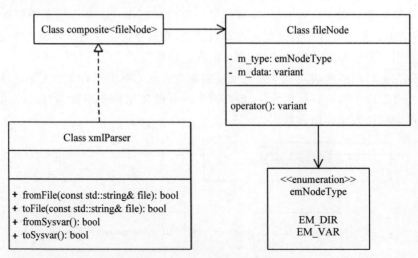

图 8-7　XML 文件解析器类图

析。上面讲解了 DOM 的结构设计，接下来分析 XML 文件基本结构的解析。

　　XML 文件总体上由树状结构构成，格式非常灵活，主要由 3 种不同类型的数据构成，分别是标签、属性和内容。例如下面的 XML 代码：

```
<poem author="王维" name="竹里馆">
    独坐幽篁里,弹琴复长啸。深林人不知,明月来相照。
</poem>
```

其中，poem 是标签，author 和 name 是属性，诗是内容。标签是可以嵌套定义的，整个 XML 文件由这样的元素分层构成。有一些特殊的标签，例如<!-- -->是注释，本书中不展开讲解。

　　上述格式中内部部分在配置文件中没有用到，DTU 程序的配置文件中主要使用了标签和属性。对 XML 进行解析的过程可以有两种方案，第 1 种是以正则表达式进行匹配检查，从而分出标签、属性和属性值；第 2 种是以状态机逐字节扫描文件，先分出标签、属性和属性值，然后根据嵌套关系组成 DOM。

　　第 1 种方案简化了分析过程，解析时直接使用 std::regex 模块进行分析，不需要额外地增加新的设计模式；第 2 种则需要使用状态模式，如图 8-8 所示，这是一个 XML 部分内容解析的状态转换图，图中只包含了部分标签、属性和属性值的解析过程。ALPHABETA 是字母或者数字；<BLANK>是空格；OTHER 表示其他字符。当数据完成上述分析后，需要针对数据进行二次处理，即完成具体数据格式的整理。

　　配置文件的内容主要分为两种。一种是分组，使用 dir 标签标记，仅有一个 name 属性，表示分组的名称；另一种是变量，使用 var 标记，有 3 个属性，name 属性表示变量名称，type 属性表示变量类型和 value 属性表示变量的具体值。数据格式的整理同样可以使用状态模式来完成，如图 8-9 所示。

　　在图 8-9 中，各个转换含义如下。

　　（1）dir 表示标签的名称是 dir，当遇到 dir 标签时表示是一个分组，分组必须有一个

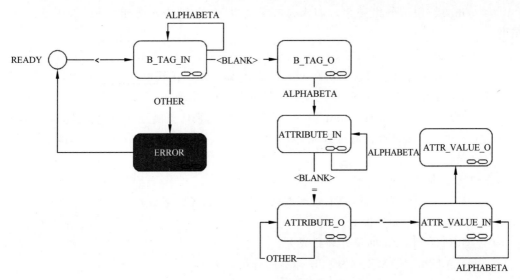

图 8-8 XML 文件解析状态机

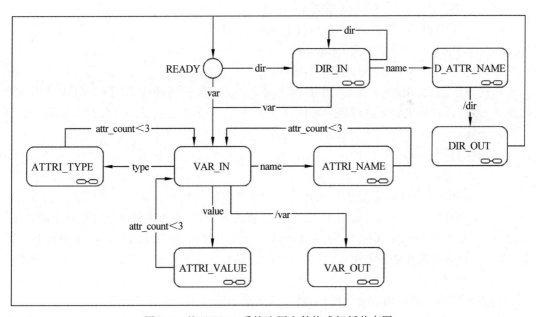

图 8-9 基于 XML 系统遍历文件格式解析状态图

name 属性,如果没有就应该报出错误,为了简化逻辑,图 8-9 中没有绘制错误状态,此时需要处理分组。

(2) var 表示标签的名称是 var,当遇到 var 标签时表示是一个变量,变量必须有 3 个属性,即 name、type 和 value,这 3 种属性缺一不可。

(3) name 是属性名,在 dir 标签和 var 标签中都用到,分别表示分组名称和变量名称。

（4）/dir 或/表示分组结束,/如果是在分组状态下,则表示分组结束,否则表示变量结束。

（5）/var 或/表示变量结束。

（6）value 是变量值,仅仅出现在 var 节点中,如果出现在其他节点中,则可以忽略。

（7）type 是变量类型,仅仅出现在 var 节点中,如果出现在其他节点中,则可以忽略。

（8）attr_count<3,attr_count 是一个中间变量,用来计算已经处理的变量的属性数量。数量小于 3 表示变量属性没有处理完,如果数量小于 3 并且遇到/var 或者/,则表示变量节点存在错误。

各种状态的含义如下。

（1）READY：就绪状态,表示处理数据的状态机已经就绪。

（2）DIR_IN：开始处理 dir 标签。

（3）DIR_OUT：dir 标签处理完成。

（4）D_ATTR_NAME：处理 dir 标签的分组名称。

（5）VAR_IN：开始处理 var 标签。

（6）VAR_OUT：var 标签处理完成。

（7）ATTRI_TYPE：处理 type 属性。

（8）ATTRI_NAME：处理 name 属性。

（9）ATTRI_VALUE：处理 value 属性。

在这种状态模式的各种状态的响应操作中,可以将数据整理成 DOM,DOM 会用到组合模式,也可以直接将数据整理到全局的享元模块中,存储需要在全局使用系统变量。

8.7 自定义脚本

在很多情况下,DTU 需要执行一些特定的业务逻辑或操作。这些操作可能无法通过标准的命令或协议实现,或者需要更灵活、更复杂的逻辑处理,或者需要满足特定行业的需求。通过在 DTU 中实现自定义脚本,可以满足这些特定业务需求,提高 DTU 的适应性和灵活性,只要客户学会简单的脚本语言,在实际使用时编写满足自己业务要求的处理脚本就能够扩展 DTU 的功能。

自定义脚本可以实现自动化操作,减少人工干预和错误。在 DTU 中实现自定义脚本,可以将一些重复性、规律性的任务自动化,从而提高工作效率和准确性。同时,自定义脚本也可以根据业务需求进行灵活调整,满足不同场景下的自动化需求。

DTU 通常需要处理大量的数据,包括数据采集、传输、存储和分析等。通过在 DTU 中实现自定义脚本,可以实现对数据更高效地进行处理和更灵活地进行分析。自定义脚本可以根据业务需求对数据进行筛选、过滤、转换和分析,从而提高数据处理的质量和效率。

自定义脚本可以实现对数据的加密、解密和校验等操作,提高数据的安全性。在 DTU 中实现自定义脚本,可以对数据进行加密传输和存储,防止数据泄露和篡改。同时,自定义脚本也可以实现对数据进行校验和验证,确保数据的准确性和完整性。

自定义脚本可以实现模块化设计和可扩展性设计,方便对 DTU 进行维护和升级。通过将业务逻辑封装为自定义脚本,可以降低代码的耦合度,提高代码的可维护性和可扩展性。同时,自定义脚本也可以方便地添加新的功能和特性,扩展 DTU 的功能和性能,如图 8-10 所示。

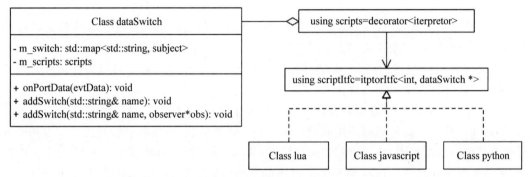

图 8-10　自定义脚本类图

由于 DTU 通常的算力都有限,所以可使用 Lua 作为嵌入式语言,当然随着市面上不断出现新的可以用于嵌入式设备的 JavaScript 和 Python 解析器,这些语言也可以用于实现自定义脚本。自定义脚本可以使用解释器模式实现,考虑到 DTU 中可能存在多个脚本并存的情况,而且这些脚本都可用来扩展 DTU 的功能,这可以使用装饰器模式来配合实现。

类 dataSwitch 在 8.3 节介绍过,增加 m_script 成员对象,这个是装饰器模式的对象。定义并实现对应解释器模式接口,例如图 8-10 中的 lua、javascript 和 python。

8.8　本章小结

在本章中首先介绍了 DTU(数据传输单元)的基本概念和主要功能。接着对 DTU 的主要技术点进行了详细分析,包括数据加密、命令行解析、自定义脚本实现等方面。为了更好地理解和设计 DTU,本章中还给出了主要的设计类图,并针对每个技术点选择了合适的设计模式。这些设计模式的选择旨在提高 DTU 的灵活性、可扩展性和可维护性,以满足不同业务需求和场景下的应用。通过本章的学习,读者可以深入地了解 DTU 的设计和实现过程,为实际应用提供有价值的参考。

后　　记

在软件开发领域，设计模式被广泛认为是解决常见问题的有效方法。这些模式经过数十年的广泛验证，为开发者提供了针对特定问题的有效、可重用的解决方案。C++11虽然并没有直接提供设计模式的实现，但通过元编程技术，开发者可以编写通用的设计模式模板库，从而在软件开发中发挥其优势。

利用元编程技术编写通用的设计模式具有诸多优点。首先，这种做法能够实现代码重用，提高开发效率。通过编写通用的设计模式解决一类问题，开发者可以避免每次当遇到问题时都要重新编写代码，从而节省时间和精力，其次，通用的设计模式可以使代码更加模块化，更易于维护和测试。这有助于降低代码的复杂性，提高代码的可读性和可维护性。最后，使用通用的设计模式可以避免重复编写设计模式的相关代码，使开发者能够更快地开发出高质量的软件。

随着软件工业的发展，设计模式在软件开发中的作用将更加凸显。近年来云计算、大数据、人工智能等技术飞速发展，软件系统的规模和复杂性不断攀升，设计模式作为解决复杂问题的有效手段，将在这些领域发挥更加重要的作用。同时，新的编程语言和技术的出现，也将为设计模式的应用带来新的挑战和机遇。

在 C++ 领域，随着 C++ 标准的不断更新和完善，可以预见，未来将会有更多的语言特性被引入设计模式的实现中。这些特性不仅将提升设计模式的性能和易用性，还可能催生出新的设计模式，以应对更为复杂和多样的软件问题。

此外，随着模板元编程技术的深入研究和应用，我们有望看到更为通用和灵活的设计模式模板库的出现。这些模板库将能够根据不同的需求和场景，自动生成相应的设计模式代码，从而大大提高软件开发的效率和质量。

设计模式作为软件开发领域的重要工具和方法，将在未来继续发挥其重要作用，而随着编程语言和技术的不断进步，设计模式的应用和实现也将不断地得到拓展和深化，为软件开发者提供更加高效、可靠和灵活的解决方案。

最后，还需要注意实际的开发需求是千变万化的，本书中所介绍的和实现的 19 种设计模式并不能直接解决所有问题，同时也并不是每一种设计模式都能够完美地解决一个问题。所谓"书不尽言，言不尽意"，读者还需要在自己的实践中认真思考和总结，形成自己的设计哲学及新的设计模式。

图书推荐

书　　名	作　　者
仓颉语言实战(微课视频版)	张磊
仓颉语言核心编程——入门、进阶与实战	徐礼文
仓颉语言程序设计	董昱
仓颉程序设计语言	刘安战
仓颉语言元编程	张磊
仓颉语言极速入门——UI 全场景实战	张云波
HarmonyOS 移动应用开发(ArkTS 版)	刘安战、余雨萍、陈争艳,等
深度探索 Vue.js——原理剖析与实战应用	张云鹏
前端三剑客——HTML5＋CSS3＋JavaScript 从入门到实战	贾志杰
剑指大前端全栈工程师	贾志杰、史广、赵东彦
Flink 原理深入与编程实战——Scala＋Java(微课视频版)	辛立伟
Spark 原理深入与编程实战(微课视频版)	辛立伟、张帆、张会娟
PySpark 原理深入与编程实战(微课视频版)	辛立伟、辛雨桐
HarmonyOS 应用开发实战(JavaScript 版)	徐礼文
HarmonyOS 原子化服务卡片原理与实战	李洋
鸿蒙操作系统开发入门经典	徐礼文
鸿蒙应用程序开发	董昱
鸿蒙操作系统应用开发实践	陈美汝、郑森文、武延军、吴敬征
HarmonyOS 移动应用开发	刘安战、余雨萍、李勇军,等
HarmonyOS App 开发从 0 到 1	张诏添、李凯杰
JavaScript 修炼之路	张云鹏、戚爱斌
JavaScript 基础语法详解	张旭乾
华为方舟编译器之美——基于开源代码的架构分析与实现	史宁宁
Android Runtime 源码解析	史宁宁
恶意代码逆向分析基础详解	刘晓阳
网络攻防中的匿名链路设计与实现	杨昌家
深度探索 Go 语言——对象模型与 runtime 的原理、特性及应用	封幼林
深入理解 Go 语言	刘丹冰
Vue＋Spring Boot 前后端分离开发实战	贾志杰
Spring Boot 3.0 开发实战	李西明、陈立为
Flutter 组件精讲与实战	赵龙
Flutter 组件详解与实战	［加］王浩然(Bradley Wang)
Dart 语言实战——基于 Flutter 框架的程序开发(第 2 版)	亢少军
Dart 语言实战——基于 Angular 框架的 Web 开发	刘仕文
IntelliJ IDEA 软件开发与应用	乔国辉
Python 量化交易实战——使用 vn.py 构建交易系统	欧阳鹏程
Python 从入门到全栈开发	钱超
Python 全栈开发——基础入门	夏正东
Python 全栈开发——高阶编程	夏正东
Python 全栈开发——数据分析	夏正东
Python 编程与科学计算(微课视频版)	李志远、黄化人、姚明菊,等
Diffusion AI 绘图模型构造与训练实战	李福林

书　　名	作　者
HuggingFace 自然语言处理详解——基于 BERT 中文模型的任务实战	李福林
图像识别——深度学习模型理论与实战	于浩文
数字 IC 设计入门(微课视频版)	白栎旸
动手学推荐系统——基于 PyTorch 的算法实现(微课视频版)	於方仁
人工智能算法——原理、技巧及应用	韩龙、张娜、汝洪芳
Python 数据分析实战——从 Excel 轻松入门 Pandas	曾贤志
Python 概率统计	李爽
Python 数据分析从 0 到 1	邓立文、俞心宇、牛瑶
从数据科学看懂数字化转型——数据如何改变世界	刘通
鲲鹏架构入门与实战	张磊
鲲鹏开发套件应用快速入门	张磊
华为 HCIA 路由与交换技术实战	江礼教
华为 HCIP 路由与交换技术实战	江礼教
openEuler 操作系统管理入门	陈争艳、刘安战、贾玉祥,等
5G 核心网原理与实践	易飞、何宇、刘子琦
Python 游戏编程项目开发实战	李志远
编程改变生活——用 Python 提升你的能力(基础篇·微课视频版)	邢世通
编程改变生活——用 Python 提升你的能力(进阶篇·微课视频版)	邢世通
编程改变生活——用 PySide6/PyQt6 创建 GUI 程序(基础篇·微课视频版)	邢世通
编程改变生活——用 PySide6/PyQt6 创建 GUI 程序(进阶篇·微课视频版)	邢世通
FFmpeg 入门详解——音视频原理及应用	梅会东
FFmpeg 入门详解——SDK 二次开发与直播美颜原理及应用	梅会东
FFmpeg 入门详解——流媒体直播原理及应用	梅会东
FFmpeg 入门详解——命令行与音视频特效原理及应用	梅会东
FFmpeg 入门详解——音视频流媒体播放器原理及应用	梅会东
精讲 MySQL 复杂查询	张方兴
Python Web 数据分析可视化——基于 Django 框架的开发实战	韩伟、赵盼
Python 玩转数学问题——轻松学习 NumPy、SciPy 和 Matplotlib	张骞
Pandas 通关实战	黄福星
深入浅出 Power Query M 语言	黄福星
深入浅出 DAX——Excel Power Pivot 和 Power BI 高效数据分析	黄福星
从 Excel 到 Python 数据分析: Pandas、xlwings、openpyxl、Matplotlib 的交互与应用	黄福星
云原生开发实践	高尚衡
云计算管理配置与实战	杨昌家
虚拟化 KVM 极速入门	陈涛
虚拟化 KVM 进阶实践	陈涛
HarmonyOS 从入门到精通 40 例	戈帅
OpenHarmony 轻量系统从入门到精通 50 例	戈帅
AR Foundation 增强现实开发实战(ARKit 版)	汪祥春
AR Foundation 增强现实开发实战(ARCore 版)	汪祥春